云计算工程师系列

Linux 网络服务与 Shell 脚本攻略

主 编 肖 睿 江 骏

中国水利水电出版社
www.waterpub.com.cn
·北京·

内 容 提 要

本书针对具备Linux基础的人群，采用案例或任务驱动的方式，由入门到精通，采用边讲解边练习的方式，使得读者在学习的过程中完成多个运维项目案例。本书分为Linux网络服务、Shell脚本、Linux防火墙三大部分。首先简单介绍了常用的服务，包括DHCP、Samba、FTP、Postfix，然后介绍了DNS、SSH、YUM、NFS、PXE、Cobbler自动装机，接下来介绍了Shell脚本的应用，最后介绍了Linux防火墙原理及应用。本书内容也是学习Linux的必备，需要多动手多练习，为后续学习打下坚实的基础。

本书通过通俗易懂的原理及深入浅出的案例，并配以完善的学习资源和支持服务，为读者带来全方位的学习体验，包括视频教程、案例素材下载、学习交流社区、讨论组等终身学习内容，更多技术支持请访问课工场 www.kgc.cn。

图书在版编目（CIP）数据

Linux网络服务与Shell脚本攻略 / 肖睿，江骏主编
. -- 北京 : 中国水利水电出版社，2017.5（2023.6 重印）
（云计算工程师系列）
ISBN 978-7-5170-5363-7

Ⅰ. ①L… Ⅱ. ①肖… ②江… Ⅲ. ①Linux操作系统
－程序设计 Ⅳ. ①TP316.89

中国版本图书馆CIP数据核字(2017)第094812号

策划编辑：祝智敏　责任编辑：王玉梅　加工编辑：高双春　封面设计：梁　燕

书　　名	云计算工程师系列 Linux 网络服务与 Shell 脚本攻略 Linux WANGLUO FUWU YU Shell JIAOBEN GONGLÜE
作　　者	主　编　肖　睿　江　骏
出版发行	中国水利水电出版社 （北京市海淀区玉渊潭南路 1 号 D 座　100038） 网址：www.waterpub.com.cn E-mail：mchannel@263.net（答疑） sales@mwr.gov.cn 电话：（010）68545888（营销中心）、82562819（组稿）
经　　售	北京科水图书销售有限公司 电话：（010）68545874、63202643 全国各地新华书店和相关出版物销售网点
排　　版	北京万水电子信息有限公司
印　　刷	三河市德贤弘印务有限公司
规　　格	184mm×260mm　16 开本　13 印张　281 千字
版　　次	2017 年 5 月第 1 版　2023 年 6 月第 3 次印刷
印　　数	6001—7000 册
定　　价	39.00 元

丛书编委会

前　言

“互联网 + 人工智能”时代，新技术的发展可谓是一日千里，云计算、大数据、物联网、区块链、虚拟现实、机器学习、深度学习等等，已经形成一波新的科技浪潮。以云计算为例，国内云计算市场的蛋糕正变得越来越诱人，以下列举了 2016 年以来发生的部分大事。

1．中国联通发布云计算策略，并同步发起成立“中国联通沃云 + 云生态联盟”，全面开启云服务新时代。

2．内蒙古斥资 500 亿元欲打造亚洲最大云计算数据中心。

3．腾讯云升级为平台级战略，旨在探索云上生态，实现全面开放，构建可信赖的云生态体系。

4．百度正式发布“云计算 + 大数据 + 人工智能”三位一体的云战略。

5．亚马逊 AWS 和北京光环新网科技股份有限公司联合宣布：由光环新网负责运营的 AWS 中国（北京）区域在中国正式商用。

6．来自 Forrester 的报告认为，AWS 和 OpenStack 是公有云和私有云事实上的标准。

7．网易正式推出“网易云”。网易将先行投入数十亿人民币，发力云计算领域。

8．金山云重磅发布“大米”云主机，这是一款专为创业者而生的性能王云主机，采用自建 11 线 BGP 全覆盖以及 VPC 私有网络，全方位保障数据安全。

DT 时代，企业对传统 IT 架构的需求减弱，不少传统 IT 企业的技术人员，面临失业风险。全球最知名的职业社交平台 LinkedIn 发布报告，最受雇主青睐的十大职业技能中“云计算”名列前茅。2016 年，中国企业云服务整体市场规模超 500 亿元，预计未来几年仍将保持约 30% 的年复合增长率。未来 5 年，整个社会对云计算人才的需求缺口将高达 130 万。从传统的 IT 工程师转型为云计算与大数据专家，已经成为一种趋势。

基于云计算这样的大环境，课工场（kgc.cn）的教研团队几年前开始策划的“云计算工程师系列”教材应运而生，它旨在帮助读者朋友快速成长为符合企业需求的、优秀的云计算工程师。这套教材是目前业界最全面、专业的云计算课程体系，能够满足企业对高级复合型人才的要求。参与本书编写的院校老师还有江骏等。

课工场是北京大学下属企业北京课工场教育科技有限公司推出的互联网教育平台，专注于互联网企业各岗位人才的培养。平台汇聚了数百位来自知名培训机构、高校的顶级名师和互联网企业的行业专家，面向大学生以及需要“充电”的在职人员，针对与互联网相关的产品设计、开发、运维、推广和运营等岗位，提供在线的直播和录播课程，并通过遍及全国的几十家线下服务中心提供现场面授以及多种形式的教学服务，并同步研发出版最新的课程教材。

除了教材之外，课工场还提供各种学习资源和支持，包括：

- 现场面授课程
- 在线直播课程
- 录播视频课程
- 授课 PPT 课件
- 案例素材下载
- 扩展资料提供
- 学习交流社区
- QQ 讨论组（技术，就业，生活）

以上资源请访问课工场网站 www.kgc.cn。

本套教材特点

（1）科学的训练模式

- 科学的课程体系。
- 创新的教学模式。
- 技能人脉，实现多方位就业。
- 随需而变，支持终身学习。

（2）企业实战项目驱动

- 覆盖企业各项业务所需的 IT 技能。
- 几十个实训项目，快速积累一线实践经验。

（3）便捷的学习体验

- 提供二维码扫描，可以观看相关视频讲解和扩展资料等知识服务。
- 课工场开辟教材配套版块，提供素材下载、学习社区等丰富的在线学习资源。

读者对象

（1）初学者：本套教材将帮助你快速进入云计算及运维开发行业，从零开始逐步成长为专业的云计算及运维开发工程师。

（2）初中级运维及运维开发者：本套教材将带你进行全面、系统的云计算及运维开发学习，逐步成长为高级云计算及运维开发工程师。

课工场出品（kgc.cn）

课程设计说明

课程目标

读者学完本书后，能够掌握 Linux 系统常用服务的原理与配置，学会使用 Shell 脚本对 Linux 系统与服务进行管理，以及 Linux 系统防火墙的原理与配置。

训练技能

- 掌握 Linux 系统常用服务的配置。
- 掌握 Shell 脚本基本语法与流程控制语句。
- 掌握 Sed 与 Awk 工具的使用。
- 理解防火墙工作原理，并且掌握 iptables 与 firewalld 防火墙的基本配置。

设计思路

本书采用了教材 + 扩展知识的设计思路，扩展知识提供二维码扫描，形式可以是文档、视频等，内容可以随时更新，能够更好地服务读者。

教材分为 12 个章节、3 个阶段来设计学习，即网络服务、Shell 脚本、防火墙，具体安排如下：

- 第 1 章～第 6 章介绍常见网络服务，包括 DNS、远程访问控制、YUM 仓库、NFS 共享、PXE 网络装机、Cobber 自动装机等内容。对于一些基础的服务不做重点介绍，读者可以访问课工场网站进行学习。
- 第 7 章～第 10 章介绍的是 Shell 脚本，包括 Shell 脚本的书写规范、变量的使用、条件语句、case 语句、循环语句，以及常用的编程工具 Sed、Awk 和正则表达式等内容。对于 Shell 脚本，后续课程会结合具体的应用提供更多的场景及案例。
- 第 11 章～第 12 章介绍的是防火墙，包括 iptables 防火墙的编写规则、SNAT/DNAT 策略、防火墙脚本以及 CentOS 7 采用的 firewalld 防火墙。

章节导读

- 技能目标：学习本章所要达到的技能，可以作为检验学习效果的标准。
- 内容讲解：对本章涉及的技能内容进行分析并展开讲解。
- 操作案例：对所学内容的实操训练。
- 本章总结：针对本章内容的概括和总结。

- 本章作业：针对本章内容的补充练习，用于加强对技能的理解和运用。
- 扩展知识：针对本章内容的扩展、补充，对于新知识随时可以更新。

学习资源

- 学习交流社区（课工场）
- 案例素材下载
- 相关视频教程

更多内容详见课工场 www.kgc.cn。

目　　录

前言
课程设计说明

第 1 章　Linux 网络设置与基础服务 1
1.1　查看及测试网络 2
1.1.1　查看网络配置 2
1.1.2　测试网络连接 5
1.2　设置网络地址参数 6
1.2.1　使用网络配置命令 7
1.2.2　修改网络配置文件 9
1.3　DHCP 服务 11
1.4　Samba 服务 12
1.5　FTP 服务 14
1.5.1　FTP 服务基础 14
1.5.2　匿名访问的 FTP 服务 15
1.5.3　用户验证的 FTP 服务 18
1.6　Postfix 邮件系统 20
本章总结 22
本章作业 22

第 2 章　DNS 域名解析服务 23
2.1　BIND 域名服务基础 24
2.1.1　DNS 系统的作用及类型 24
2.1.2　BIND 的安装和配置文件 25
2.2　构建缓存域名服务器 29
2.3　构建主从域名服务器 31
2.3.1　构建主域名服务器 31
2.3.2　构建从域名服务器 34
2.4　构建分离解析的域名服务器 36
本章总结 38
本章作业 39

第 3 章　远程访问及控制 41
3.1　SSH 远程管理 42
3.1.1　配置 OpenSSH 服务端 42
3.1.2　使用 SSH 客户端程序 44
3.1.3　构建密钥对验证的 SSH 体系 46
3.2　TCP Wrappers 访问控制 49
3.2.1　TCP Wrappers 概述 49
3.2.2　TCP Wrappers 的访问策略 50
本章总结 51
本章作业 52

第 4 章　部署 YUM 仓库与 NFS 服务 53
4.1　部署 YUM 仓库服务 54
4.1.1　构建 YUM 软件仓库 54
4.1.2　使用 yum 工具管理软件包 56
4.2　NFS 共享存储服务 59
4.2.1　使用 NFS 发布共享资源 59
4.2.2　在客户机中访问 NFS 共享资源 60
4.2.3　NFS 客户端 mount 的挂载参数说明 62
本章总结 64
本章作业 64

第 5 章　PXE 高效批量网络装机 65
5.1　部署 PXE 远程安装服务 66
5.1.1　搭建 PXE 远程安装服务器 66
5.1.2　验证 PXE 网络安装 68
5.2　实现 Kickstart 无人值守安装 70

5.2.1 准备安装应答文件 70
5.2.2 实现批量自动装机 74
本章总结 75
本章作业 75

第 6 章 Cobbler 自动装机 77
6.1 Cobbler 概述 78
6.2 安装 Cobbler 环境 78
6.3 配置 Cobbler 服务 81
6.3.1 配置案例 82
6.3.2 YUM 仓库管理 92
6.4 PXE 菜单管理 93
6.4.1 设置 PXE 菜单密码 93
6.4.2 定制 PXE 菜单 94
6.5 Cobbler 的 Web 管理 95
6.5.1 设置 Cobbler web 登录密码 96
6.5.2 Cobbler web 的使用 97
本章总结 101

第 7 章 Shell 编程规范与变量 103
7.1 Shell 脚本编程规范 104
7.1.1 Shell 脚本应用场景 104
7.1.2 Shell 编程规范 104
7.1.3 管道与重定向 106
7.2 Shell 脚本变量揭秘 109
7.2.1 自定义变量 109
7.2.2 特殊变量 114
本章总结 117
本章作业 117

第 8 章 Shell 编程之条件语句 119
8.1 条件测试 120
8.2 if 语句 124
8.2.1 if 语句的结构 124
8.2.2 if 语句应用示例 126
本章总结 129
本章作业 129

第 9 章 Shell 编程之 case 语句与循环语句 131
9.1 使用 case 分支语句 132
9.2 使用 for 循环语句 135
9.3 使用 while 循环语句 138
9.4 Shell 函数应用 141
9.5 Shell 脚本调试 142
本章总结 143
本章作业 143

第 10 章 Shell 编程之 Sed 与 Awk 145
10.1 正则表达式概述 146
10.2 Sed 工具概述 149
10.3 Awk 工具介绍 154
10.4 Shell 编程实战 159
本章总结 161
本章作业 162

第 11 章 Linux 防火墙（一） 163
11.1 Linux 防火墙基础 164
11.1.1 iptables 的表、链结构 164
11.1.2 数据包过滤的匹配流程 166
11.2 编写防火墙规则 167
11.2.1 基本语法、数据包控制类型 167
11.2.2 添加、查看、删除规则等基本操作 168
11.2.3 规则的匹配条件 170
本章总结 173
本章作业 174

第 12 章 Linux 防火墙（二） 175
12.1 SNAT 策略及应用 176
12.1.1 SNAT 策略概述 176
12.1.2 SNAT 策略的应用 178
12.2 DNAT 策略及应用 179
12.2.1 DNAT 策略概述 179
12.2.2 DNAT 策略的应用 180

12.3 规则的导出、导入................ 183
12.3.1 规则的备份及还原........................ 183
12.3.2 使用 iptables 服务........................ 184
12.4 使用防火墙脚本.................. 185
12.4.1 防火墙脚本的构成........................ 185
12.4.2 防火墙脚本示例........................... 188
12.5 firewalld 防火墙.................. 189
12.5.1 区域的概念................................. 189
12.5.2 字符管理工具............................... 190
12.5.3 图形管理工具............................... 193
本章总结.. 195
本章作业.. 195

第1章

Linux 网络设置与基础服务

技能目标

- 学会查看及测试网络
- 学会设置网络地址参数
- 了解 DHCP、Samba、FTP、Postfix 服务

本章导读

之前大家已经学习了 Linux 系统的基本管理命令和技巧，为进一步学习 Linux 网络服务打下了基础。从本章开始，我们将陆续开始学习 Linux 系统的网络设置、文件服务、域名解析等在网络服务器方面的应用。

知识服务

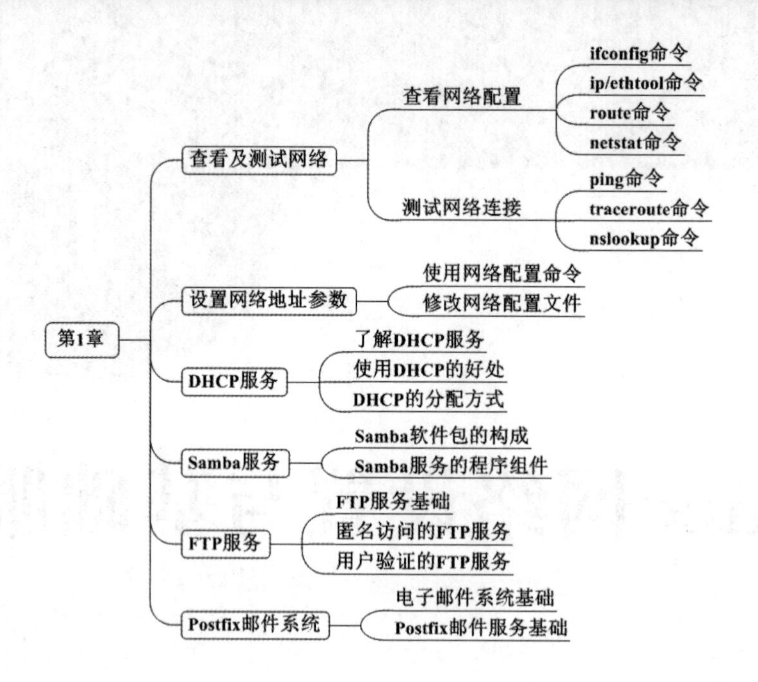

1.1 查看及测试网络

查看及测试网络配置是管理 Linux 网络服务的第一步，本节中将学习 Linux 系统中的网络查看及测试命令，其中讲解的大多数命令以普通用户权限就可以完成操作。

1.1.1 查看网络配置

1. 使用 ifconfig 命令查看网络接口地址

主机的网络接口卡（网卡）通常称为“网络接口”。在 Linux 系统中，使用 ifconfig 命令可以查看网络接口的地址配置信息。

（1）查看活动的网络接口设备

当 ifconfig 命令不带任何选项和参数时，将显示当前主机中已启用（活动）的网络接口信息。例如，直接执行 ifconfig 命令后可以看到 eth0、lo 这两个网络接口的信息。这里要注意，CentOS 7 之前的网卡命名采用 eth0、eth1 等，而 CentOS 7 版本采用了一致的网络设备命名（Consistent Network Device Naming），该命名是与物理设备本身相关的。常见的其他网卡命名例如 eno16777736，表示板载的以太网设备（板载设备索引编号为 16777736）。但也可以将默认的网卡命名修改成 eth0、eth1 的形式，参见本章的知识服务。

```
[root@localhost ~]# ifconfig

eth0     flags=4163<UP,BROADCAST,RUNNING,MULTICAST>  mtu 1500
```

```
        inet 192.168.4.11  netmask 255.255.255.0  broadcast 192.168.4.255
        ……                          // 省略部分内容

        ……                          // 省略部分内容

lo: flags=73<UP,LOOPBACK,RUNNING>  mtu 65536
        inet 127.0.0.1  netmask 255.0.0.0
        ……                          // 省略部分内容
```

在上述输出结果中，eth0 对应为第 1 块物理网卡，lo 对应为虚拟的回环接口。

- eth0：第 1 块以太网卡的名称。“eth0”中的“eth”是“ethernet”的缩写，表示网卡类型为以太网，数字“0”表示第 1 块网卡。如果有多个物理网卡，则第 2 块网卡表示为“eth1”，第 3 块网卡表示为“eth2”，以此类推。
- lo：“回环”网络接口，“lo”是“loopback”的缩写，它并不代表真正的网络接口，而是一个虚拟的网络接口，其 IP 地址默认是“127.0.0.1”。回环地址通常仅用于对本机的网络测试。

如果想要查看所有网络接口信息，只需要在 ifconfig 命令后面加上 -a 选项即可，即 ifconfig -a。

（2）查看指定的网络接口信息

当只需要查看其中某一个网络接口的信息时，可以使用网络接口的名称作为 ifconfig 命令的参数（不论该网络接口是否处于激活状态）。例如，执行“ifconfig eth0”命令后可以只查看网卡 eth0 的配置信息。

```
[root@localhost ~]# ifconfig eth0

eth0: flags=4163<UP,BROADCAST,RUNNING,MULTICAST>  mtu 1500
        inet 192.168.4.11  netmask 255.255.255.0  broadcast 192.168.4.255
        inet6 fe80::250:56ff:fe81:2986  prefixlen 64  scopeid 0x20<link>
        ether 00:50:56:81:29:86  txqueuelen 1000  (Ethernet)
        RX packets 5638126  bytes 457742188 (436.5 MiB)
        RX errors 0  dropped 0  overruns 0  frame 0
        TX packets 72986  bytes 5962876 (5.6 MiB)
        TX errors 0  dropped 0 overruns 0  carrier 0  collisions 0
```

从上述命令显示的结果中，可以获知 eth0 网卡的一些基本信息，如下所述。

- ether：表示网络接口的物理地址（MAC 地址），如“00:50:56:81:29:86”。网络接口的物理地址通常不能更改，是网卡在生产时确定的全球唯一的硬件地址。
- inet：表示网络接口的 IP 地址，如“192.168.4.11”。
- broadcast：表示网络接口所在网络的广播地址，如“192.168.4.255”。
- netmask：表示网络接口的子网掩码，如“255.255.255.0”。

除此以外，还能够通过“TX”“RX”等信息了解到通过该网络接口发送和接收的数据包个数、流量等更多属性。

2. 使用 ip/ethtool 命令查看网络接口

ip/ethtool 与 ifconfig 命令相同，也是参看网络接口的命令。但与 ifconfig 相比，ip/ethtool 命令的功能更强大，它不仅仅可以查看网络接口的基本信息，还可以查看更深层的内容，如查看网络接口的数据链路层、网络层信息和网络接口的速率、模式等信息。其中常用的命令有：

- ip link：查看网络接口的数据链路层信息。
- ip address：查看网络接口的网络层信息。
- ethtool eth0：查看指定网络接口的速率、模式等信息。

3. 使用 route 命令查看路由表条目

Linux 系统中的路由表决定着从本机向其他主机、其他网络发送数据的去向，是排除网络故障的关键信息。直接执行 route 命令可以查看当前主机中的路由表信息，在输出结果中，Destination 列对应目标网段的地址，Gateway 列对应下一跳路由器的地址，Iface 列对应发送数据的网络接口。

```
[root@localhost ~]# route
Kernel IP routing table
Destination  Gateway      Genmask        Flags  Metric  Ref  Use  Iface
192.168.4.0  *            255.255.255.0  U      0       0    0    eth0
default      192.168.4.1  0.0.0.0        UG     0       0    0    eth0
```

当目标网段为“Default”时，表示此行是默认网关记录；当下一跳为“*”时，表示目标网段是与本机直接相连的。例如，从上述输出信息中可以看出，当前主机与 192.168.4.0/24 网段直接相连，使用的默认网关地址是 192.168.4.1。

若结合“-n”选项使用，可以将路由记录中的地址显示为数字形式，这可以跳过解析主机名的过程，在路由表条目较多的情况下能够加快执行速度。例如，执行“route -n”命令后，输出信息中的“*”地址将显示为“0.0.0.0”，默认网关记录中的“default”也将显示为“0.0.0.0”。

```
[root@localhost ~]# route -n
Kernel IP routing table
Destination  Gateway      Genmask        Flags  Metric  Ref  Use  Iface
192.168.4.0  0.0.0.0      255.255.255.0  U      0       0    0    eth0
0.0.0.0      192.168.4.1  0.0.0.0        UG     100     0    0    eth0
```

4. 使用 netstat 命令查看网络连接情况

通过 netstat 命令可以查看当前系统的网络连接状态、路由表、接口统计等信息，是了解网络状态及排除网络服务故障的有效工具。以下是 netstat 命令常用的几个选项。

- -a：显示当前主机中所有活动的网络连接信息（包括监听、非监听状态的服务端口）。
- -n：以数字的形式显示相关的主机地址、端口等信息。
- -r：显示路由表信息。

- -l：显示处于监听（Listening）状态的网络连接及端口信息。
- -t：查看 TCP 协议相关的信息。
- -u：显示 UDP 协议相关的信息。
- -p：显示与网络连接相关联的进程号、进程名称信息（该选项需要 root 权限）。

通常使用“-anpt”组合选项，以数字形式显示当前系统中所有的 TCP 连接信息，同时显示对应的进程信息。结合命令管道使用“grep”命令，还可以在结果中过滤出所需要的特定记录。例如，执行以下操作可以查看本机中是否有监听“TCP 80”端口（即标准 FTP 服务）的服务程序，输出信息中包括 PID 号和进程名称。

```
[root@localhost ~]# netstat -anpt | grep ":80"
tcp6      0      0 :::80                 :::*                 LISTEN      15613/httpd
```


1.1.2 测试网络连接

1. 使用 ping 命令测试网络连通性

使用 ping 命令可以向目的主机持续地发送测试数据包，并显示反馈结果，直到按 Ctrl+C 组合键后中止测试，并显示最终统计结果。例如，以下操作将测试从本机到另一台主机 192.168.4.110 的连通性情况，连接正常时会收到返回的数据包。

```
[root@localhost ~]# ping 192.168.4.110
PING 192.168.4.110 (192.168.4.110) 56(84) bytes of data.
64 bytes from 192.168.4.110: icmp_seq=1 ttl=128 time=0.694 ms
64 bytes from 192.168.4.110: icmp_seq=2 ttl=128 time=0.274 ms
……                          // 按 Ctrl+C 组合键中止执行

--- 192.168.4.110 ping statistics ---
2 packets transmitted, 2 received, 0% packet loss, time 1162ms
rtt min/avg/max/mdev = 0.274/0.484/0.694/0.210 ms
```

运行 ping 测试命令时，若不能获得从目标主机发回的反馈数据包，则表示在本机到目标主机之间存在网络连通性故障。例如，若看到“Destination Host Unreachable”的反馈信息，则表示目的主机不可达，可能目标地址不存在或者主机已经关闭；若看到“Network is unreachable”的反馈信息，则表示没有可用的路由记录（如默认网关），无法达到目标主机所在的网络。

```
[root@localhost ~]# ping 192.168.4.123
PING 192.168.4.123 (192.168.4.123) 56(84) bytes of data.
From 192.168.4.11 icmp_seq=2 Destination Host Unreachable
From 192.168.4.11 icmp_seq=3 Destination Host Unreachable
……                          // 省略部分内容
```

当网络中存在影响通信过程稳定性的因素（如网卡故障、病毒或网络攻击等）时，使用 ping 命令测试可能会频繁看到“Request timeout”的反馈结果，表示与目标主机间的连接超时（数据包响应缓慢或丢失）。除此以外，当目标主机有严格的防火墙限制时，也可能收到发回“Request timeout”的反馈结果。

2. 使用 traceroute 命令跟踪数据包的路由途径

使用 traceroute 命令可以测试从当前主机到目的主机之间经过了哪些网络节点，并显示各中间节点的连接状态（响应时间）。对于无法响应的节点，连接状态将显示为“*”。例如，通过以下操作结果可以看出，从本机到目标主机 192.168.7.7 之间，中间需跨越一个路由器 192.168.4.1。

```
[root@localhost ~]# traceroute 192.168.7.7
traceroute to 192.168.7.7 (192.168.7.7), 30 hops max, 40 byte packets
 1  (192.168.4.1)  7.740 ms  15.581 ms  15.881 ms
 2  (192.168.7.7)  19.652 ms  19.995 ms  19.942 ms
```


traceroute 命令能够比 ping 命令更加准确地定位网络连接的故障点（中断点），执行速度也因此会比 ping 命令稍慢。在网络测试与排错过程中，通常会先使用 ping 命令测试与目的主机的网络连接，如果发现网络连接有故障，再使用 traceroute 命令跟踪查看是在哪个中间节点存在故障。

3. 使用 nslookup 命令测试 DNS 域名解析

当域名解析出现异常时，将无法使用域名的形式访问网络中的 Web 站点、电子邮件系统等服务。nslookup 命令是用来测试域名解析的专用工具，使用时只要指定要解析的目标域名作为参数即可。例如，执行“nslookup www.google.com”命令后，nslookup 程序将提交查询请求，询问站点 www.google.com 对应的 IP 地址是多少。

```
[root@localhost ~]# nslookup www.google.com
Server:        202.106.0.20                              // 所使用的 DNS 服务器
Address:       202.106.0.20#53

Non-authoritative answer:                                // 以下为 DNS 解析的反馈结果
Name:   www.google.com
Address: 173.194.127.51
……                                                       // 省略部分内容
```

若能够成功反馈要查询域名的 IP 地址，则表示域名解析没有问题，否则需要根据实际反馈情况来判断故障原因。例如，若出现“…… no servers could be reached”的信息，表示不能连接到指定的 DNS 服务器；若出现“…… can't find xxx.yyy.zzz: NXDOMAIN”的信息，表示要查询的域名不存在。

```
[root@localhost ~]# nslookup www.google.com
;; connection timed out; trying next origin
;; connection timed out; no servers could be reached
```

1.2 设置网络地址参数

从本节开始将学习如何来修改 Linux 主机的各种网络地址参数。在 Linux 主机中，手动修改网络配置包括两种最基本的方法。

- 临时配置：通过命令行直接修改当前正在使用的网络地址，修改后立即可以生效。这种方式操作简单快速、执行效率高，一般在调试网络的过程中使用。但由于所做的修改并没有固定地存放在静态的文件中，因此当重启 network 服务或重启主机后将会失效。
- 固定配置：通过配置文件来存放固定的各种网络地址，需要重启 network 服务或重启主机后才会生效。这种方式操作上相对要复杂一些，但相当于“永久配置”，一般在需要为服务器设置固定的网络地址时使用。

1.2.1 使用网络配置命令

1. 使用 ifconfig 命令修改网卡的地址、状态

ifconfig 命令不仅可以用于查看网卡配置，还可以修改网卡的 IP 地址、子网掩码，也可以绑定虚拟网络接口、激活或停用网络接口。

（1）修改网卡的 IP 地址、子网掩码

需要设置网卡的地址时，命令格式如下所示。

```
ifconfig 网络接口名称 IP 地址 [ netmask 子网掩码 ]
```

或者

```
ifconfig 网络接口名称 IP 地址 [/ 子网掩码长度 ]
```

通常后一种方式用得更多一些。当不指定子网掩码时，将使用 IP 地址所在分类的默认子网掩码。指定新的 IP 地址和子网掩码以后，原有的地址将会失效。例如，执行以下操作可以将网卡 eth0 的 IP 地址设置为 192.168.168.1，子网掩码长度为 24。

```
[root@localhost ~]# ifconfig eth0 192.168.168.1/24
```

或者

```
[root@localhost ~]# ifconfig eth0 192.168.168.1 netmask 255.255.255.0
```

（2）禁用、激活网络接口

需要临时禁用或者重新激活指定的网络接口时，需要结合“down”“up”开关选项。网络接口被禁用以后，将无法使用该网络接口与其他主机进行连接。例如，执行以下操作将会禁用网卡 eth1。

```
[root@localhost ~]# ifconfig eth1 down
```

（3）为网卡绑定虚拟接口

在对服务器网络进行调试的过程中，有时候需要临时在同一个网卡上使用一个新的 IP 地址，但是又不能覆盖原有 IP 地址而导致服务程序不可用。这时可以为网卡绑定一个虚拟的网络接口，然后再为虚拟接口设置新的 IP 地址（相当于一块网卡配多个

IP 地址）。

例如，执行以下操作可以为网卡 eth0 添加一个虚拟接口 eth0:0，并将这个虚拟接口的 IP 地址设置为 172.17.17.17。虚拟接口的 IP 地址和网卡原有的 IP 地址都可以正常使用。

```
[root@localhost ~]# ifconfig eth0:0 172.17.17.17
[root@localhost ~]# ifconfig

eth0: flags=4163<UP,BROADCAST,RUNNING,MULTICAST>  mtu 1500
      inet 10.0.0.58  netmask 255.255.255.0  broadcast 10.0.0.255
      inet6 fe80::250:56ff:fe81:2986  prefixlen 64  scopeid 0x20<link>
      ether 00:50:56:81:29:86  txqueuelen 1000  (Ethernet)
      RX packets 5647402  bytes 458488057 (437.2 MiB)
      RX errors 0  dropped 0  overruns 0  frame 0
      TX packets 74294  bytes 6128830 (5.8 MiB)
      TX errors 0  dropped 0 overruns 0  carrier 0  collisions 0

eth0:0: flags=4163<UP,BROADCAST,RUNNING,MULTICAST>  mtu 1500
      inet 172.17.17.17  netmask 255.255.0.0  broadcast 172.17.255.255
      ether 00:50:56:81:29:86  txqueuelen 1000  (Ethernet)
```

可以根据需要添加更多的虚拟接口，如“eth0:1”“eth0:2”等。

2. 使用 route 命令添加、删除静态路由记录

route 命令不仅可以用于查看路由表信息，还可用来添加、删除静态的路由表条目，其中当然也包括设置默认网关地址（默认网关记录是一条特殊的静态路由条目）。

（1）添加、删除到指定网段的路由记录

通过“route add”操作可以添加路由记录，结合“-net”选项指定目标网段的地址，结合“gw”选项指定下一跳路由器的 IP 地址。例如，若要使本机访问另一个网段 192.168.3.0/24 的数据包都发给 192.168.4.254，可以执行以下操作。需要注意的是，默认网关的 IP 地址应该与本机其中一个接口的 IP 地址在同一个网段内。

```
[root@www ~]# route add -net 192.168.3.0/24 gw 192.168.4.254     //添加静态路由
[root@www ~]# route -n                                           //确认添加的路由条目
Kernel IP routing table
Destination  Gateway        Genmask         Flags  Metric  Ref  Use  Iface
192.168.4.0  0.0.0.0        255.255.255.0   U      0       0    0    eth0
192.168.3.0  192.168.4.254  255.255.255.0   UG     0       0    0    eth0
```

通过“route del”操作可以删除路由记录，只要结合“-net”选项指定对应路由记录中目标网段的地址即可。例如，执行以下操作可以删除前面添加到 192.168.3.0/24 网段的静态路由条目。

```
[root@www ~]# route del -net 192.168.3.0/24
[root@www ~]# route -n
Kernel IP routing table
```

```
Destination  Gateway  Genmask        Flags  Metric  Ref  Use  Iface
192.168.4.0  0.0.0.0  255.255.255.0  U      0       0    0    eth0
```

（2）添加、删除默认网关记录

添加、删除默认网关记录时，与添加、删除静态路由记录的命令格式类似，但指定目标网段时只需简单地使用“default”表示即可，无须再使用“-net”选项指明网段地址。例如，执行以下操作将先删除已有的到 192.168.4.1 的默认网关记录，再添加到 192.168.4.254 的默认网关记录。

```
[root@www ~]# route del default gw 192.168.4.1      // 删除默认网关记录 192.168.4.1
[root@www ~]# route add default gw 192.168.4.254    // 添加新的默认网关记录 192.168.4.254
```

需要注意的是，在同一个主机的路由表中只应有一条默认网关记录。若同时存在多条默认网关记录，可能会导致该主机的网络连接出现故障。

1.2.2 修改网络配置文件

当需要为 Linux 服务器设置固定的网络地址时，若还是用 ifconfig 等网络命令来进行设置，将会大大降低服务器运行的可靠性。若要使 Linux 主机在重启系统以后仍然能够使用相同的网络配置，那么直接修改配置文件是最好的方法。

下面将分别介绍最常见的几个网络配置文件。

1. 网络接口配置文件

网络接口的配置文件默认位于目录“/etc/sysconfig/network-scripts/”中，文件名格式为“ifcfg-XXX”，其中“XXX”是网络接口的名称。例如，网卡 eth0 的配置文件是“ifcfg-eth0”，回环接口 lo 的配置文件是“ifcfg-lo”。

```
[root@localhost ~]# ls /etc/sysconfig/network-scripts/ifcfg-*
/etc/sysconfig/network-scripts/ifcfg-eth0
/etc/sysconfig/network-scripts/ifcfg-lo
```

在网卡的配置文件 ifcfg-eth0 中，可以看到设置静态 IP 地址的部分内容如下。

```
DEVICE=eth0
ONBOOT=yes
BOOTPROTO=static
IPADDR=192.168.4.1
NETMASK=255.255.255.0
GATEWAY=192.168.4.2
```

上述各配置项的含义及作用如下。

- DEVICE：设置网络接口的名称。
- ONBOOT：设置网络接口是否在 Linux 系统启动时激活。
- BOOTPROTO：设置网络接口的配置方式，值为“static”时表示使用静态指定的 IP 地址，为“dhcp”时表示通过 DHCP 的方式动态获取地址。
- IPADDR：设置网络接口的 IP 地址。

- NETMASK：设置网络接口的子网掩码。
- GATEWAY：设置网络接口的默认网关地址。

2. 启用、禁用网络接口配置

在 CentOS 6 系统中，当修改了网络接口的配置文件以后，若要使新的配置生效，可以重新启动 network 服务或者重启主机。默认情况下，重启 network 服务将会先关闭所有的网络接口，然后再根据配置文件重新启用所有的网络接口。

```
[root@localhost ~]# service network restart
```

CentOS 7 系统使用命令 systemctl restart network.service 重新启用所有的网络接口。

如果只是想禁用、启用某一个网络接口（而不是所有接口），可分别使用两个接口控制脚本 ifdown、ifup。例如，执行以下操作将会先关闭 eth0 网卡，然后再根据配置文件启用 eth0 网卡。

```
[root@localhost ~]# ifdown eth0
[root@localhost ~]# ifup eth0
```

3. 主机名称配置文件

在 CentOS 6 系统中，若要修改 Linux 系统的主机名，可以修改配置文件 /etc/sysconfig/network。在此文件中，“HOSTNAME”行用于设置主机名，而“NETWORKING”行用于设置 IPv4 网络的默认启用状态。例如，执行以下操作可以将主机名由默认的 localhost.localdomain 改为 www.kgc.cn。

```
[root@localhost ~]# vi /etc/sysconfig/network
NETWORKING=yes
HOSTNAME=www.kgc.cn
```

之前已经学习过，CentOS 7 版本中的主机名配置文件变为 /etc/hostname 文件，而 systemd 的命令 hostnamectl 用于修改此文件信息。

4. 域名解析配置文件

（1）指定为本机提供 DNS 解析的服务器地址

/etc/resolv.conf 文件中记录了本机默认使用的 DNS 服务器的地址信息，对该文件所做的修改将会立刻生效。Linux 系统中最多可以指定 3 个（第 3 个以后的将被忽略）不同的 DNS 服务器地址，优先使用第 1 个 DNS 服务器。例如，执行以下操作可以指定默认使用的两个 DNS 服务器地址分别位于 202.106.0.20 和 202.106.148.1。

```
[root@localhost ~]# vi /etc/resolv.conf
search localdomain
nameserver 202.106.0.20
nameserver 202.106.148.1
```

resolv.conf 文件中的“search localdomain”行用来设置默认的搜索域（域名后缀）。例如，当访问主机“localhost”时，就相当于访问“localhost.localdomain”。

（2）本地主机映射文件

/etc/hosts 文件中记录着一份主机名与 IP 地址的映射关系表，一般用来保存经常需要访问的主机的信息。当访问一个未知的域名时，先查找该文件中是否有相应的映射记录，如果找不到再去向 DNS 服务器查询。

例如，若在 /etc/hosts 文件中添加“119.75.218.70 www.baidu.com”的映射记录，则当访问网站 www.baidu.com 时，将会直接向 IP 地址 119.75.218.70 发送 Web 请求，省略了向 DNS 服务器解析 IP 地址的过程。

```
[root@localhost ~]# cat /etc/hosts
127.0.0.1 localhost localhost.localdomain  localhost4 localhost4. localdomain4
…… // 省略部分内容
119.75.218.70     www.baidu.com
```

对于经常访问的一些网站，可以通过在 /etc/hosts 文件添加正确的映射记录，减少 DNS 查询过程，从而提高上网速度。当然，若添加了错误的映射记录，则可能会导致网站访问出现异常。另外，正因为 hosts 文件只保存在本地，所以其中的映射记录也只适用于当前主机，而无法作用于整个网络。

1.3 DHCP 服务

1. 了解 DHCP 服务

DHCP（Dynamic Host Configuration Protocol，动态主机配置协议）是由 Internet 工作任务小组设计开发的，专门用于为 TCP/IP 网络中的计算机自动分配 TCP/IP 参数的协议。DHCP 服务避免了因手动设置 IP 地址所产生的错误，同时也避免了把一个 IP 地址分配给多台工作站所造成的地址冲突。DHCP 提供了安全、可靠且简单的 TCP/IP 网络设置，降低了配置 IP 地址的负担。DHCP 的网络结构如图 1.1 所示。

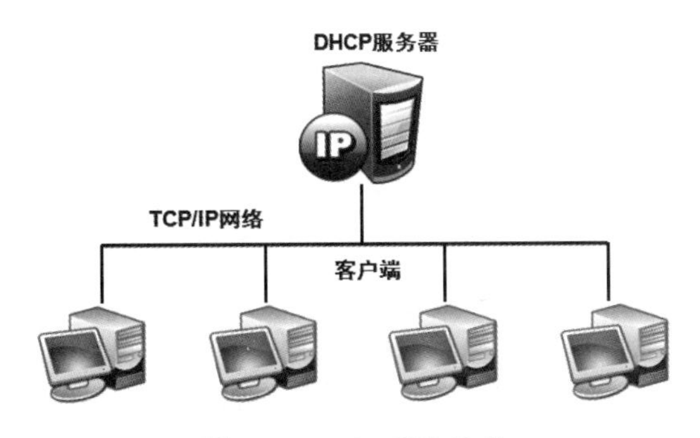

图 1.1 DHCP 网络结构

2. 使用 DHCP 的好处

Internet 是目前世界上用户最多的服务之一，有几亿人在使用 Internet。由于上网时间的不确定性以及使用人员的技术水平不同，为每位用户分配一个固定的 IP 地址，不仅造成了 IP 地址的浪费，也会为 ISP 服务商带来高额的维护成本。而使用 DHCP 服务则有以下好处。

- 减少管理员的工作量。
- 避免输入错误的可能。
- 避免 IP 地址冲突。
- 当网络更改 IP 地址段时，不需要再重新配置每个用户的 IP 地址。
- 提高了 IP 地址的利用率。
- 方便客户端的配置。

3. DHCP 的分配方式

DHCP 的典型应用模式如下：在网络中架设一台专用的 DHCP 服务器，负责集中分配各种网络地址参数（主要包括 IP 地址、子网掩码、广播地址、默认网关地址、DNS 服务器地址）；其他主机作为 DHCP 客户机，将网卡配置为自动获取地址，即可与 DHCP 服务器进行通信，完成自动配置过程。

在 DHCP 的工作原理中，DHCP 服务器提供了三种 IP 地址分配方式：自动分配（Automatic Allocation）、手动分配（Manual Allocation）和动态分配（Dynamic Allocation）。

- 自动分配是当 DHCP 客户机第一次成功地从 DHCP 服务器获取到一个 IP 地址后，就永久地使用这个 IP 地址。
- 手动分配是由 DHCP 服务器管理员专门指定 IP 地址。
- 动态分配是当 DHCP 客户机第一次从 DHCP 服务器获取到 IP 地址后，并非永久地使用该地址，而是在每次使用完后，DHCP 客户机就会释放这个 IP 地址，供其他客户机使用。

关于 DHCP 的更多内容请访问课工场观看相关视频。

1.4 Samba 服务

在 Windows 网络环境中，主机之间进行文件和打印机共享是通过微软公司自己的 SMB/CIFS 网络协议实现的。SMB（Server Message Block，服务消息块）和 CIFS（Common Internet File System，通用互联网文件系统）协议是微软的私有协议，在 Samba 项目出现之前，并不能直接与 Linux/UNIX 系统进行通信。

Samba 是著名的开源软件项目之一，它在 Linux/UNIX 系统中实现了微软的 SMB/CIFS 网络协议，从而使得跨平台的文件共享变得更加容易。在部署 Windows、Linux/UNIX 混合平台的企业环境时，选用 Samba 可以很好地解决不同系统之间的文件互访问题。

1. Samba 软件包的构成

在 CentOS 6.5 系统的 DVD 安装光盘中可以找到与 Samba 相关的几个软件包，主要包括服务端软件 samba、客户端软件 samba-client，用于提供服务端和客户端程序的公共组件 samba-common。

大部分软件包已经随 CentOS 6.5 系统默认安装好了，用户可以查询系统中 samba 相关软件包的安装情况。

```
[root@localhost ~]# rpm -qa | grep "^samba"
samba-common-3.6.9-164.el6.x86_64
samba-client-3.6.9-164.el6.x86_64
samba4-libs-4.0.0-58.el6.rc4.x86_64
samba-winbind-clients-3.6.9-164.el6.x86_64
samba-winbind-3.6.9-164.el6.x86_64
samba-3.6.9-164.el6.x86_64
```

2. Samba 服务的程序组件

Samba 服务器提供 smbd、nmbd 两个服务程序，分别完成不同的功能。其中，smbd 负责为客户机提供服务器中共享资源（目录和文件等）的访问；nmbd 负责提供基于 NetBIOS 协议的主机名称解析，以便为 Windows 网络中的主机进行查询服务。

安装好 samba 软件包以后，在 CentOS 系统中会添加名为 smb 和 nmb 的标准系统服务，管理员可以通过 service 工具来控制 Samba 服务的启动与终止。

```
[root@localhost ~]# service smb start
启动 SMB 服务：                                  [ 确定 ]
启动 NMB 服务：                                  [ 确定 ]
[root@localhost ~]# service nmb start
```

使用 netstat 命令可以验证服务进程状态，其中 smbd 程序负责监听 TCP 协议的 139 端口（SMB 协议）、445 端口（CIFS 协议），而 nmbd 服务程序负责监听 UDP 协议的 137 ～ 138 端口（NetBIOS 协议）。

```
[root@localhost ~] # netstat  -anptu | grep "mbd"
tcp    0    0 0.0.0.0:139          0.0.0.0:*    LISTEN    6306/smbd
tcp    0    0 0.0.0.0:445          0.0.0.0:*    LISTEN    6306/smbd
tcp    0    0 :::139               :::*         LISTEN    6306/smbd
tcp    0    0 :::445               :::*         LISTEN    6306/smbd
udp    0    0 192.168.4.255:137    0.0.0.0:*              6310/nmbd
udp    0    0 192.168.4.11:137     0.0.0.0:*              6310/nmbd
udp    0    0 0.0.0.0:137          0.0.0.0:*              6310/nmbd
udp    0    0 192.168.4.255:138    0.0.0.0:*              6310/nmbd
udp    0    0 192.168.4.11:138     0.0.0.0:*              6310/nmbd
udp    0    0 0.0.0.0:138          0.0.0.0:*              6310/nmbd
```

关于 Samba 的更多内容请访问课工场观看相关视频。

1.5 FTP 服务

1.5.1 FTP 服务基础

FTP（File Transfer Protocol，文件传输协议）是典型的 C/S 结构的应用层协议，需要由服务端软件、客户端软件两个部分共同实现文件传输功能。关于 FTP 服务，可以从以下几个方面进行了解。

1. FTP 连接及传输模式

FTP 服务器默认使用 TCP 协议的 20、21 端口与客户端进行通信。20 端口用于建立数据连接，并传输文件数据；21 端口用于建立控制连接，并传输 FTP 控制命令。根据 FTP 服务器在建立数据连接过程中的主、被动关系，FTP 数据连接分为主动模式和被动模式，两者的含义及主要区别如下。

- 主动模式：服务器主动发起数据连接。首先由客户端向服务端的 21 端口建立 FTP 控制连接，当需要传输数据时，客户端以 PORT 命令告知服务器“我打开了某端口，你过来连接我”，于是服务器从 20 端口向客户端的该端口发送请求并建立数据连接。
- 被动模式：服务器被动等待数据连接。如果客户机所在网络的防火墙禁止主动模式连接，通常会使用被动模式。首先由客户端向服务端的 21 端口建立 FTP 控制连接，当需要传输数据时，服务器以 PASV 命令告知客户端“我打开了某端口，你过来连接我”，于是客户端向服务器的该端口（非 20）发送请求并建立数据连接。

客户端与服务器建立好数据连接以后，就可以根据从控制连接中发送的 FTP 命令上传或下载文件了。在传输文件时，根据是否进行字符转换，分为文本模式和二进制模式。

- 文本模式：又称为 ASCII（American Standard Code for Information Interchange，美国信息交换标准码）模式，这种模式在传输文件时使用 ASCII 标准字符序列，一般只用于纯文本文件的传输。
- 二进制模式：又称为 Binary 模式，这种模式不会转换文件中的字符序列，更适合传输程序、图片等非纯文本字符的文件。

使用二进制模式比文本模式更有效率，大多数 FTP 客户端工具可以根据文件类型自动选择文件传输模式，而无需用户手工指定。

2. FTP 用户类型

使用 FTP 客户端软件访问服务器时，通常要用到一类特殊的用户账号，其用户名为 ftp 或 anonymous，提供任意密码（包括空密码）都可以通过服务器的验证，这样的用户称为“匿名用户”。匿名用户一般用于提供公共文件的下载，如提供一些免费软件、学习资料下载的站点。

除了不需要密码验证的匿名用户以外，FTP 服务器还可以直接使用本机的系统用户账号来进行验证，这些用户通常被称为“本地用户”。在 CentOS 6.5 系统中，匿名用户也有对应的本地系统用户账号“ftp”，但对于 vsftpd 服务来说，本地用户指的是除了匿名用户以外的其他系统用户。

有些 FTP 服务器软件还可以维护一份独立的用户数据库文件，而不是直接使用系统用户账号。这些位于独立数据库文件中的 FTP 用户账号，通常被称为“虚拟用户”。通过使用虚拟用户，将 FTP 账户与 Linux 系统账户的关联性降至最低，可以为系统提供更好的安全性。

3. FTP 服务器软件的种类

在 Windows 系统中，常见的 FTP 服务器软件包括 FileZilla Sener、Serv-U 等，而在 Linux 系统中，vsftpd 是目前在 Linux/UNIX 领域应用十分广泛的一款 FTP 服务软件，本课程将以 vsftpd 进行讲解。

vsftpd 服务的名称来源于“Very Secure FTP Daemon”，该软件针对安全特性方面做了大量的设计。除了安全性以外，vsftpd 在速度和稳定性方面的表现也相当突出。根据 ftp.redhat.com 服务器反映的数据，vsftpd 可以支持 15000 个用户并发连接。

4. FTP 客户端工具的种类

最简单的 FTP 客户端工具莫过于 ftp 命令程序了。Windows 系统和 Linux 系统默认都自带有 ftp 命令程序，可以连接到 FTP 服务器进行交互式的上传、下载通信。

除此以外，还有大量的图形化 FTP 客户端工具。Windows 中较常用的包括 CuteFTP、FlashFXP、LeapFTP、Filezilla 等，在图形化的客户端程序中，用户通过鼠标和菜单即可访问、管理 FTP 资源，而不需要掌握 FTP 交互命令，因此使用户的操作更加简单、易于使用。

还有一些下载工具软件，如 FlashGet、Wget 等，包括大多数网页浏览器程序，都支持通过 FTP 协议下载文件，但因不具备 FTP 上传等管理功能，通常不称为 FTP 客户端工具。

1.5.2　匿名访问的 FTP 服务

访问匿名 FTP 服务器时，不需要密码验证，任何人都可以使用，非常方便。当需要提供公开访问的文件下载资源（如 ftp.redhat.com），或者让用户上传一些不需要保密的数据资料时，可以选择搭建匿名 FTP 服务器。

1. 准备匿名 FTP 访问的目录

在 CentOS 6.5 系统中，FTP 匿名用户对应的系统用户为 ftp，其宿主目录 /var/ftp/

也就是匿名访问 vsftpd 服务时所在的 FTP 根目录。基于安全性考虑，FTP 根目录的权限不允许匿名用户或其他用户有写入权限（否则访问时会报 500 错误）。

为了后续测试方便，可以在 /var/ftp/ 目录下创建一个用于下载的测试文件。例如，执行以下操作创建一个压缩包文件作为测试。

```
[root@localhost ~]# tar zcf /var/ftp/vsftpdconf.tar.gz /etc/vsftpd/
```

/var/ftp/ 目录下默认设置了一个名为 pub 的子文件夹，可以在匿名访问 FTP 时供上传文件使用。执行以下操作可以使匿名用户 ftp 对该目录拥有写入权限，以便上传数据。

```
[root@localhost ~]# chown ftp /var/ftp/pub/
[root@localhost ~]# ls -ld /var/ftp/pub/
drwxr-xr-x. 2 ftp root 4096 2 月 13 /var/ftp/pub/
```


2. 开放匿名用户配置并启动 vsftpd 服务

配置 vsftpd 服务时，是否开放匿名 FTP 访问取决于配置项“anonymous_enable”，只要将其设为“YES”，即表示允许匿名用户访问，反之表示禁用。启用匿名用户后，默认情况下只具有读取权限，匿名用户可以完成目录列表、下载文件等基本的 FTP 任务。

若要进一步放开权限，允许匿名用户上传文件，则需要开放更多的配置。主要涉及以下几个配置项，分别对应不同的 FTP 操作权限。

- write_enable：用于启用 / 禁止 vsftpd 服务的写入权限，是全局性的选项，不管是匿名用户、本地用户还是虚拟用户，若要允许其上传，都必须启用此配置项。
- anon_upload_enable：用于允许 / 禁止匿名用户在现有的可写入目录中上传文件。
- anon_mkdir_write_enable：用于允许 / 禁止匿名用户在现有的可写目录中创建文件夹，即上传目录。
- anon_other_write_enable：用于允许 / 禁止匿名用户的其他写入权限，包括删除、改名、覆盖等操作。

上述四个配置项，应根据匿名 FTP 服务器的实际应用需求来选择设置。若只要求能够上传文件，则只需启用“write_enable”和“anon_upload_enable”就足够了；若还要求能够上传文件夹，则需进一步启用“anon_mkdir_write_enable”。只有在希望匿名用户能够对上传的文件和目录进行覆盖、删除等管理操作时，才需要启用“anon_other_write_enable”。

例如，若要设置 vsftpd 服务器提供匿名访问，允许匿名用户上传、下载，但禁止使用删除操作，可以参考以下步骤修改配置文件。

```
[root@localhost]# vi /etc/vsftpd/vsftpd.conf
anonymous_enable=YES                    // 允许匿名用户访问
local_enable=NO                         // 若不需启用本地用户，可将此项设为 NO
```

```
write_enable=YES                    // 开放服务器的写权限
anon_umask=022                      // 设置匿名用户上传数据的权限掩码
anon_upload_enable=YES              // 允许匿名上传文件
anon_mkdir_write_enable=YES         // 允许匿名用户创建目录
dirmessage_enable=YES
xferlog_enable=YES
connect_from_port_20=YES
xferlog_std_format=YES
listen=YES
pam_service_name=vsftpd
userlist_enable=YES                 // 因未启用本地用户，可将用户列表功能禁用
tcp_wrappers=YES
```

在上述配置内容中，还使用了“anon_umask”配置项，此配置项用于设置匿名用户所上传文件或目录的权限掩码。权限掩码的作用与子网掩码的作用有点类似，用于去掉特定的权限。例如，若上传权限掩码设为 022，则所上传的文件或目录将减去 022 对应的这部分权限（Group 和 Other 的 w 权限），实际结果是所上传文件的默认权限为 644、目录的实际权限为 755。

确认配置无误后，就可以启动 vsftpd 服务了，使用 netstat 命令可以确认监听状态。

```
[root@localhost vsftpd]# service vsftpd start
为 vsftpd 启动 vsftpd:              [ 确定 ]
[root@localhost vsftpd]# netstat -anpt | grep "vsftpd"
tcp     0     0 0.0.0.0:21     0.0.0.0:*       LISTEN      8989/vsftpd
```

3. 测试匿名 FTP 服务器

配置好 vsftpd 并启动服务以后，就可以使用 FTP 客户端工具进行验证了。Windows 主机中可以直接在“我的电脑”地址栏内输入 URL 地址访问，如“ftp://192.168.4.11”。在 Linux 的字符界面中，可以使用 ftp 命令进行测试。例如，执行以下操作可以匿名登录到 FTP 服务器 192.168.4.11（ftp 命令需要安装 ftp-0.17-54.el6.x86_64.rpm 包）。

```
[root@localhost ~]# ftp 192.168.4.11
Connected to 192.168.4.11 192.168.4.11.
220 (vsFTPd 2.2.2)
Name (192.168.4.11:root): ftp                // 用户名为 ftp 或 anonymous
331 Please specify the password.
Password:                                    // 密码可任意输入，或直接回车
230 Login successful.
Remote system type is UNIX.
Using binary mode to transfer files.
ftp>                                         // 成功登录后的操作提示符
```

成功登录 FTP 服务器以后，将进入到显示“ftp>”提示符的交互式操作环境。在此操作界面中，可以执行实现各种 FTP 操作的交互指令（执行？或 help 命令可查看指

令帮助）。例如，以下操作过程依次展示了列表查看、下载文件、上传文件等相关的操作。

```
ftp> ls                                                  // 查看 FTP 服务器中的内容
227 Entering Passive Mode (192,168,4,11,69,105)
150 Here comes the directory listing.
drwxr-xr-x    5 14       0          4096 Feb 12 2013 pub
-rw-r--r--    1 0        0          2639 Jun 20 20:44 vsftpdconf.tar.gz
226 Directory send OK.
ftp> lcd /opt                                            // 将本地目录切换到 /opt/
Local directory now /opt
ftp> get vsftpdconf.tar.gz                               // 将文件下载到本地（/opt/ 目录）
……                                                       // 省略部分内容
ftp> lcd /root                                           // 将本地目录切换到 /root/
Local directory now /root
ftp> cd pub                                              // 将 FTP 目录切换到 /pub/
250 Directory successfully changed.
ftp> put install.log                                     // 将文件上传到服务器（/pub/ 目录）
……                                                       // 省略部分内容
ftp> ls                                                  // 查看所上传文件的权限
227 Entering Passive Mode (192,168,4,11,29,225)
150 Here comes the directory listing.
-rw-r--r--    1 14       50         37039 Jun 20 23:03 install.log
226 Directory send OK.
ftp> quit                                                // 断开 ftp 连接并退出
221 Goodbye.
[root@localhost ~]#
```

在已经知道要下载文件的完整 URL 地址的情况下，用户也可以使用 wget 命令工具直接下载文件，省去了交互式的登录过程。

```
[root@localhost ~]# wget ftp://192.168.4.11/vsftpdconf.tar.gz
--2014-06-26 07:25:29--  ftp://192.168.4.11/vsftpdconf.tar.gz
           => 'vsftpdconf.tar.gz'
正在连接 192.168.4.11:21... 已连接 .
正在以 anonymous 登录 ... 登录成功 !
==> SYST ... 完成 .    ==> PWD ... 完成 .
==> TYPE I ... 完成 .  ==> 不需要 CWD.
==> SIZE vsftpdconf.tar.gz ... 2639
==> PASV ... 完成 .    ==> RETR vsftpdconf.tar.gz ... 完成 .
长度 :2639 (2.6K)( 非正式数据 )
100%[======================================>] 2,639       --.-K/s   in 0s
2014-06-26 07:25:29 (6.95 MB/s) - 'vsftpdconf.tar.gz' 已保存 [2639]
```

1.5.3 用户验证的 FTP 服务

vsftpd 可以直接使用 Linux 主机的系统用户作为 FTP 账号，提供基于用户名 / 密码的登录验证。用户使用系统用户账号登录 FTP 服务器后，将默认位于自己的宿主目录中，且在宿主目录中拥有读写权限。

1. 基本的本地用户验证

使用基本的本地用户验证，只需打开 local_enable、write_enable 两个配置项。为了提高上传文件的权限，可以将权限掩码设为 077（仅宿主用户拥有权限）。若还希望将所有的宿主目录禁锢在其宿主目录中，可以添加 chroot_local_user 配置项，否则用户将能够任意切换到服务器的 /var/、/etc/、/boot/ 等宿主目录以外的文件夹，这样一来便存在安全隐患。

```
[root@localhost ~]# vi /etc/vsftpd/vsftpd.conf
local_enable=YES
write_enable=YES
local_umask=077
chroot_local_user=YES
…… // 省略部分内容
[root@localhost ~]# service vsftpd reload
关闭 vsftpd:                                    [ 确定 ]
为 vsftpd 启动 vsftpd:                          [ 确定 ]
```

在访问要求用户验证的 FTP 服务器时，如果使用 URL 地址的形式，必须指定 FTP 账号名称，如访问“ftp://laya@192.168.4.11”，可以根据提示输入密码进行验证，当然也可以在 URL 地址中直接指定密码，如访问“ftp://laya:123456@192.168.4.11”。

通过 ftp 命令访问 FTP 服务器时，只需输入正确的用户名、密码验证即可。例如，以下操作将以系统用户 laya 登录到 FTP 服务器 192.168.4.11，并进行上传文件测试。

```
[root@localhost ~]# ls > uptest.txt             // 创建用于上传的测试文件
[root@localhost ~]# ftp 192.168.4.11
Connected to 192.168.4.11(192.168.4.11).
220 (vsFTPd 2.2.2)
Name (192.168.4.11:root): laya                 // 以 laya 用户登录
331 Please specify the password.
Password:                                      // 以 laya 用户的密码验证
230 Login successful.
Remote system type is UNIX.
Using binary mode to transfer files.
ftp> put uptest.txt                            // 将文件上传到服务器
……                                             // 省略部分内容
ftp> ls                                        // 查看上传文件的权限
227 Entering Passive Mode (192,168,4,11,136,45)
150 Here comes the directory listing.
-rw-------    1 507      507          167 Jun 26 23:48 uptest.txt
226 Directory send OK.
ftp> quit
221 Goodbye.
```

2. 使用 user_list 用户列表文件

当 vsftpd 服务器开放了"local_enable"配置项以后，默认情况下除 root 外的所有的系统用户都可以登录到此 FTP 服务器。若只希望对一小部分系统用户开放 FTP 服务，则需要开放用户列表控制的相关配置项，其中主要包括 userlist_enable、userlist_deny。例如，执行以下操作后 vsftpd 服务器将只允许 laya、vanko、hunter 这三个用户登录。

```
[root@localhost ~]# vi /etc/vsftpd/user_list          //添加以下三行，并清空其他内容
laya
vanko
hunter
[root@localhost]# vi /etc/vsftpd/vsftpd.conf
……                                                     //省略部分内容
userlist_enable=YES                                    //启用 user_list 用户列表文件
userlist_deny=NO                                       //不禁用 user_list 列表中的用户
[root@localhost]# service vsftpd reload                //重新加载 vsftpd 服务的配置
```

关于 vsftpd 的更多内容请访问课工场观看相关视频。

1.6 Postfix 邮件系统

1. 电子邮件系统基础

（1）邮件系统角色、邮件协议

Internet 网络中的电子邮件系统并不是一个孤立的体系。除了需要 DNS 服务器提供邮件域的解析，通过 Web 服务器提供邮箱操作界面以外，邮件收取、传递等功能也是由不同的组件来提供的。

- 邮件系统的角色

在实现电子邮件收发的完整系统中，根据各组件所处的位置、承担的功能不同，可以分为不同的角色。

MTA（Mail Transfer Agent，邮件传输代理）：一般被称为邮件服务器软件。MTA 软件负责接收客户端软件发送的邮件，并将邮件传输给其他的 MTA 程序，是电子邮件系统中的核心部分。Exchange 和 Sendmail、Postfix 等服务器软件都属于 MTA。

MUA（Mail User Agent，邮件用户代理）：一般被称为邮件客户端软件。MUA 软件的功能是为用户提供发送、接收和管理电子邮件的界面。在 Windows 平台中常用的 MUA 软件包括 Outlook Express、Outlook、Foxmail 等，在 Linux 平台中常用的 MUA 软件包括 Thunderbird、Kmail、Evolution 等。

MDA（Mail Delivery Agent，邮件分发代理）：MDA 软件负责在服务器中将邮件分发到用户的邮箱目录。MDA 软件相对比较特殊，它并不直接面向邮件用户，而是在后台默默地工作。有时候 MDA 的功能可以直接集成在 MTA 软件中，因此经常被忽略。

通过邮件系统中的角色划分可以看出，电子邮件系统与其他 C/S（Client/Server，

客户端 / 服务器）模式的网络应用一样，包括独立的客户端和服务器端软件。

- 邮件通信协议

在电子邮件通信过程中，邮件传递、收取是最基本的两个功能，应用于不同角色的软件之间。其中，最常用的三种邮件协议如下所述。

SMTP（Simple Mail Transfer Protocol，简单邮件传输协议）：主要用于发送和传输邮件。MUA 使用 SMTP 协议将邮件发送到 MTA 服务器中，而 MTA 将邮件传输给其他 MTA 服务器时同样也使用 SMTP 协议。SMTP 协议使用的 TCP 端口号为 25。对于支持发信认证的邮件服务器，将会采用扩展的 SMTP 协议（Extended SMTP）。

POP（Post Office Protocol，邮局协议）：主要用于从邮件服务器中收取邮件。目前 POP 协议的最新版本是 POP3。大多数 MUA 软件都支持使用 POP3 协议，因此该协议应用最为广泛。POP3 协议使用的 TCP 端口号为 110。

IMAP（Internet Message Access Protocol，互联网消息访问协议）：同样用于收取邮件。目前 IMAP 协议的最新版本是 IMAP4。与 POP3 相比较，IMAP4 协议提供了更为灵活和强大的邮件收取、管理功能。IMAP4 协议使用的 TCP 端口号为 143。

只有电子邮件客户端和服务器同时支持 SMTP 和 POP/IMAP 协议，才能够实现完整的邮件发送和收取功能。

（2）常见的邮件服务器软件

当用户在享受电子邮件带来的便利的时候，往往看到的只是邮件系统的“品牌”，而忽视了邮件系统的“幕后英雄”——邮件服务器软件。例如，使用 163 邮箱的用户可能并没有想过，网易公司的邮件服务器是使用什么软件搭建的。然而，对于企业邮件系统的管理员来说，则必须熟练掌握邮件服务器软件的配置和管理。

邮件服务器软件的种类并不是很多，常见的主要包括以下几种。

- 商业邮件系统

Exchange：Windows 系统中最著名的邮件服务器软件，也是微软公司的重量级产品，可以与活动目录等应用很好地结合在一起。当使用 Windows 服务器平台构建电子邮件系统时，Exchange 自然就成为首选。

Notes/Domino：由 IBM 公司出品的商业电子邮件和办公协作软件产品，其功能丰富、强大，集成性较好且提供跨系统平台的支持，给用户提供了广泛的选择。多应用于一些高校、政府部门、银行等较大型的企业单位。

- 开源邮件系统

Sendmail：对于运行在 UNIX/Linux 环境中的邮件服务器，Sendmail 无疑是资格最老的，目前仍然有许多企业的电子邮件系统是使用 Sendmail 进行搭建的。Sendmail 运行的稳定性较好，但安全性欠佳。

Qmail：另一款运行在 UNIX/Linux 环境中的邮件服务器，比 Sendmail 具有更好的执行效率，且配置、管理更加方便，很多商用电子邮件系统都采用 Qmail 作为服务器。

Postfix：同样是运行在 UNIX/Linux 环境中的邮件服务器，Postfix 由 Wietse 负责开发，其目的是为 Sendmail 提供一个更好的替代产品。Postfix 在投递效率、稳定性、服务性能及安全性等方面都有相当出色的表现。

2. Postfix 邮件服务基础

Postfix 邮件服务器采用了模块化的设计，由许多个不同的程序集合而成，分别用于实现不同的功能。

关于 Postfix 的更多内容请访问课工场观看相关视频。

本章总结

- 使用 ifconfig 命令可以查看、配置网络接口的属性。
- 使用 route 命令可以查看、管理主机的路由表记录。
- 使用 ping 和 traceroute 命令可以测试主机的网络连接。
- 配置文件 ifcfg-eth0、network、hosts、resolv.conf 等可分别用于设置主机的 IP 地址、主机名、域名映射、DNS 服务器地址等参数。
- FTP 的主动模式是由服务端先发起数据连接，被动模式是由客户端先发起数据连接。
- 邮件系统所包含的角色有 MTA、MUA、MDA。电子邮件通信过程中最常用的三种邮件协议是 SMTP、POP、IMAP。

本章作业

1. 列举 Linux 系统中的主要网络配置文件并说明其作用。
2. 修改配置文件，将当前主机的 IP 地址改为 172.16.16.11，主机名改为 dhcpsvr。
3. 为网卡 eth0 添加两个虚拟接口 eth0:0、eth0:1，其对应的 IP 地址分别为 192.168.7.7/24、192.168.8.8/24。
4. 使用 vsftpd 搭建匿名 FTP 服务器，允许匿名用户上传文件到 upload 目录下，并能够在 upload 目录下执行创建文件夹、删除文件、重命名文件等操作。
5. 用课工场 APP 扫一扫，完成在线测试，快来挑战吧！

第2章

DNS 域名解析服务

技能目标

- 熟悉域名服务器的各种角色
- 学会构建缓存域名服务器
- 学会构建主、从域名服务器
- 构建分离解析的域名服务器

本章导读

在前面已经学习了网络地址配置和文件服务管理，在对服务器主机进行访问时是使用 IP 地址的形式，而在实际的网络应用中，通常是使用域名的形式访问服务器的。本章将以著名的 DNS 服务器软件 BIND（Berkeley Internet Name Domain，伯克利因特网域名）为例，学习域名服务器的基本搭建过程。

知识服务

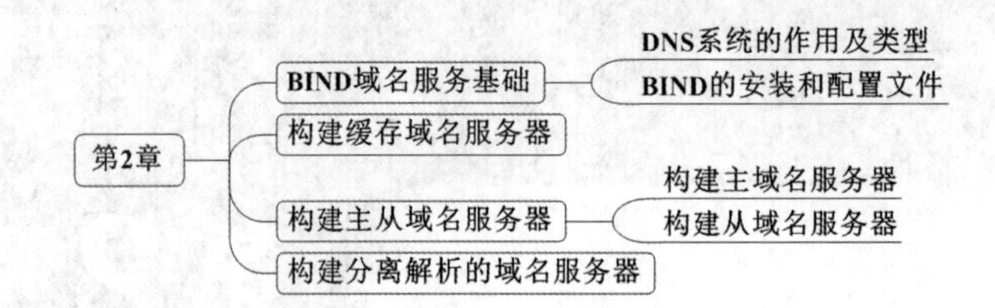

2.1 BIND 域名服务基础

本节首先对 DNS 系统的作用及类型做一个简单回顾，并学习 Linux 系统中 BIND 域名服务基础知识。

2.1.1 DNS 系统的作用及类型

整个 Internet 大家庭中连接了数以亿计的服务器、个人主机，其中大部分的网站、邮件等服务器都使用了域名形式的地址，如 www.google.com、mail.163.com 等。很显然这种地址形式要比使用 64.233.189.147、202.108.33.74 的 IP 地址形式更加直观，而且更容易被用户记住。

DNS 系统在网络中的作用就是维护着一个地址数据库，其中记录了各种主机域名与 IP 地址的对应关系，以便为客户程序提供正向或反向的地址查询服务，即正向解析与反向解析。

- 正向解析：根据域名查 IP 地址，即将指定的域名解析为相对应的 IP 地址。域名的正向解析是 DNS 服务器最基本的功能，也是最常用的功能。
- 反向解析：根据 IP 地址查域名，即将指定的 IP 地址解析为相对应的域名。域名的反向解析不是很常用，只在一些特殊场合才会用到，如可用于反垃圾邮件的验证。

实际上，每一台 DNS 服务器都只负责管理一个有限范围（一个或几个域）内的主机域名和 IP 地址的对应关系，这些特定的 DNS 域或 IP 地址段称为“zone”（区域）。根据地址解析的方向不同，DNS 区域相应地分为正向区域（包含域名到 IP 地址的解析记录）和反向区域（包含 IP 地址到域名的解析记录）。

根据所管理的区域地址数据的来源不同，DNS 系统可以分为不同的类型。在同一台 DNS 服务器中，相对于不同的区域来说，也拥有不同的身份。常见的几种类型如下。

- 缓存域名服务器：只提供域名解析结果的缓存功能，目的在于提高查询速度和效率，但是没有自己控制的区域地址数据。构建缓存域名服务器时，必须设置根域或指定其他 DNS 服务器作为解析来源。
- 主域名服务器：维护某一个特定 DNS 区域的地址数据库，对其中的解析记录具有自主控制权，是指定区域中唯一存在的权威服务器、官方服务器。构建主域名服务器时，需要自行建立所负责区域的地址数据文件。

- 从域名服务器：与主域名服务器提供完全相同的 DNS 解析服务，通常用于 DNS 服务器的热备份。对客户机来说，无论使用主域名服务器还是从域名服务器，查询的结果都是一样的。关键区别在于，从域名服务器提供的解析结果并不是由自己决定的，而是来自于主域名服务器。构建从域名服务器时，需要指定主域名服务器的位置，以便服务器能自动同步区域的地址数据库。

以上所述主、从服务器的角色只是针对某一个特定的 DNS 区域来说的。例如，同一台 DNS 服务器，可以是“.chinaunix.net”区域的主域名服务器，同时也可以是“.kge.cn”区域的从域名服务器。

2.1.2 BIND 的安装和配置文件

1. BIND 的安装和控制

BIND 不是唯一能够提供域名服务的 DNS 服务程序，但它却是应用最为广泛的，BIND 可以运行在大多数 Linux/UNIX 主机中。其官方站点为 https://www.isc.org/。

（1）安装 BIND 软件

在 CentOS 6.5 系统中，系统光盘自带了 BIND 服务的安装文件，主要包括以下几个软件包：

- bind-9.8.2-0.17.rc1.el6_4.6.x86_64.rpm。
- bind-utils-9.8.2-0.17.rc1.el6_4.6.x86_64.rpm。
- bind-libs-9.8.2-0.17.rc1.el6_4.6.x86_64.rpm。
- bind-chroot-9.8.2-0.17.rc1.el6_4.6.x86_64.rpm。

各软件包的主要作用如下。

- bind：提供了域名服务的主要程序及相关文件。
- bind-utils：提供了对 DNS 服务器的测试工具程序，如 nslookup 等。
- bind-libs：提供了 bind、bind-utils 需要使用的库函数。
- bind-chroot：为 BIND 服务提供一个伪装的根目录（将 /var/named/chroot/ 文件夹作为 BIND 的根目录），以提高安全性。

默认已安装 bind-utils 和 bind-libs，所以只需要安装 bind 和 bind-chroot 即可。

```
[root@localhost Server]# rpm -qa | grep "^bind"     //查询是否已安装与 BIND 相关的软件包
bind-9.8.2-0.17.rc1.el6_4.6.x86_64
bind-chroot-9.8.2-0.17.rc1.el6_4.6.x86_64
bind-libs-9.8.2-0.17.rc1.el6_4.6.x86_64
bind-utils-9.8.2-0.17.rc1.el6_4.6.x86_64
```

（2）BIND 服务控制

BIND 软件包安装完毕以后，会自动增加一个名为 named 的系统服务，通过脚本文件 /etc/init.d/named 或 service 工具都可以控制 DNS 域名服务的运行。例如，执行以下操作可以查询 named 服务的运行状态。

```
[root@localhost ~]# service named status
rndc: neither /etc/rndc.conf nor /etc/rndc.key was found
named 已停
```

2. BIND 服务的配置文件

使用 BIND 软件构建域名服务时，主要涉及两种类型的配置文件：主配置文件和区域数据文件。其中，主配置文件用于设置 named 服务的全局选项、注册区域及访问控制等各种运行参数；区域数据文件用于存放某个 DNS 区域的地址解析记录（正向或反向记录）。

（1）主配置文件

主配置文件 named.conf 通常位于 /etc/ 目录下，在 named.conf 文件中，主要包括全局配置、区域配置两个部分，每一条配置记录的行尾以分号“;”表示结束，以“#”号或“//”开始的部分表示注释文字（大段注释可以使用“/* …… */”的格式）。

1）全局配置部分。

全局配置参数包括在形如“options { };”的大括号中，如可以设置监听的地址和端口、区域数据文件存放的目录、允许哪些客户机查询等。

```
options {
  listen-on port 53 { 173.16.16.1; };                 // 监听地址和端口
  directory   "/var/named";                           // 区域数据文件的默认存放位置
  allow-query  { 192.168.1.0/24; 173.16.16.0/24; };   // 允许使用本 DNS 服务的网段
};
```

上述配置内容中，除了 directory 项通常会保留以外，其他的配置项都可以省略。若不指定 listen-on 配置项时，named 默认在所有接口的 UDP 53 端口监听服务；不指定 allow-query 配置项时，默认会响应所有客户机的查询请求。

2）区域配置部分。

区域配置参数使用“zone …… { };”的配置格式，一台 DNS 服务器可以为多个区域提供解析，因此在 named.conf 文件中也可以有很多个 zone 配置段。区域类型按照解析方向可分为正向区域、反向区域。

```
zone "kgc.cn" IN {                           // 正向 "kgc.cn" 区域
  type master;                               // 类型为主区域
  file "kgc.cn.zone";                        // 区域数据文件为 kgc.cn.zone
  allow-transfer  { 173.16.16.2; };          // 允许下载的从服务器地址
};
zone "16.16.173.in-addr.arpa" IN {           // 反向 "173.16.16.0/24" 区域
  type master;
  file "173.16.16.arpa";                     // 区域数据文件为 173.16.16.arpa
};
```

在上述配置内容中，有几个地方需要注意。

- 每个 zone 区域都是可选的（包括根域、回环域、反向域），具体根据实际需要而定，zone 配置部分的“IN”关键字也可以省略。
- 反向区域的名称由倒序的网络地址和“.in-addr.arpa”组合而成。例如，对于 192.168.1.0/24 网段，其反向区域名称表示为“1.168.192.in-addr.arpa”。
- file 配置项用于指定实际的区域数据文件，文件名称由管理员自行设置。
- 区域配置中的部分参数（如 allow-transfer）也可以放在全局配置里。

修改完主配置文件以后，可以执行 named-checkconf 命令对 named.conf 文件进行语法检查。如果文件中没有语法错误，该命令将不给出任何提示；反之，则会给出相应的提示信息，只要根据出错提示修正文件中的错误即可。带“-z”选项的 named-checkconf 命令还可以尝试加载主配置文件中对应的区域数据库文件，并检查该文件是否存在问题。例如，当出现“…file not found”的错误时，表示找不到对应的文件。

```
[root@localhost ~]# named-checkconf -z /etc/named.conf
zone kgc.cn/IN: loading from master file kgc.cn.zone failed: file not found
zone kgc.cn/IN: not loaded due to errors.
_default/kgc.cn/IN: file not found
……                                                    // 省略部分内容
```

关于 named.conf 文件中各种配置项的详细说明，可以执行“man named.conf”查看手册页，也可参考配置样本文件 /usr/share/doc/bind-9.8.2/sample/etc/named.conf。

（2）区域数据配置文件

区域数据配置文件通常位于 /var/named/ 目录下，每个区域数据文件对应一个 DNS 解析区域，文件名及内容由该域的管理员自行设置。

根域“.”的区域数据文件比较特殊。Internet 中所有的 DNS 服务器都使用同一份根区域数据文件，其中列出了所有根服务器的域名和 IP 地址。根区域数据文件可以从国际互联网络信息中心（InterNIC）的官方网站 http://www.internic.net/ 下载。

在区域数据文件中，主要包括 TTL 配置项、SOA（Start Of Authority，授权信息开始）记录、地址解析记录。文件中的注释信息以分号“;”开始。

1）TTL 配置及 SOA 记录部分。

第一行的 TTL 配置用于设置默认生存周期，即缓存解析结果的有效时间。SOA 记录部分用于设置区域名称、管理邮箱，以及为从域名服务指定更新参数。

```
$TTL   86400                              ; 有效解析记录的生存周期
@  IN  SOA  kgc.cn.  admin.kgc.cn.(        ;SOA 标记、域名、管理邮箱
    2011030501                            ; 更新序列号，可以是 10 位以内的整数
    3H                                    ; 刷新时间，重新下载地址数据的间隔
    15M                                   ; 重试延时，下载失败后的重试间隔
    1W                                    ; 失效时间，超过该时间仍无法下载则放弃
    1D                                    ; 无效解析记录的生存周期
)
```

上述配置内容中，时间单位默认为秒，也可以使用以下单位：M（分）、H（时）、

W（周）、D（天）。文件中的“@”符号表示当前的 DNS 区域名，相当于“kgc.cn.”“admin.kgc.cn.”，表示域管理员的电子邮箱地址（由于“@”符号已有其他含义，因此将邮件地址中的“@”用“.”代替）。SOA 记录中的更新序列号用来同步主、从服务器的区域数据，当从服务器判断区域更新时，若发现主服务器中的序列号与本地区域数据中的序列号相同，则不会进行下载。

2）地址解析记录部分。

地址解析记录用来设置 DNS 区域内的域名、IP 地址映射关系，包括正向解析记录和反向解析记录。反向解析记录只能用在反向区域数据文件中。

```
@       IN    NS        ns1.kgc.cn.
        IN    MX 10     mail.kgc.cn.
ns1     IN    A         58.119.74.203
www     IN    A         173.16.16.1
mail    IN    A         173.16.16.4
ftp     IN    CNAME     www
```


上述配置内容中，用到以下四种常见的地址解析记录。

- NS 域名服务器（Name Server）：记录当前区域的 DNS 服务器的主机地址。
- MX 邮件交换（Mail Exchange）：记录当前区域的邮件服务器的主机地址，数字 10 表示（当有多个 MX 记录时）选择邮件服务器的优先级，数字越大优先级越低。
- A 地址（Address）：记录正向解析条目。例如，“www IN A 173.16.16.1”表示域名 www.kgc.cn 对应的 IP 地址是 173.16.16.1。
- CNAME 别名（Canonical Name）：记录某一个正向解析条目的其他名称。例如，“ftp IN CNAME www”表示域名 ftp.kgc.cn 是 www.kgc.cn 的别名。

其中，NS、MX 记录行首的“@”符号可以省略（默认继承 SOA 记录行首的@信息），但是必须保留一个空格或 Tab 制表位。

在反向区域数据文件中，不会用到 A 地址记录，而是使用 PTR 指针（Point）记录。例如，对于反向区域 16.16.173.in-addr.arpa，添加的反向解析记录可以是以下形式。

```
1 IN PTR www.kgc.cn.
4 IN PTR mail.kgc.cn.
```

使用 PTR 记录时，第一列中只需要指明对应 IP 地址的“主机地址”部分即可，如“1”“4”等，系统在查找地址记录时会自动将当前反向域的网络地址作为前缀。例如，上述文件中的“4 IN PTR mail.kgc.cn.”，表示 IP 地址为 173.16.16.4 的主机的域名是 mail.kgc.cn.。

在区域数据配置文件中，凡是不以点号“.”结尾的主机地址，系统在查找地址记录时都会自动将当前的域名作为后缀。例如，若当前的 DNS 域为“kgc.cn”，则在文件中的主机地址“www”相当于“www.kgc.cn.”。因此，当使用完整的 FQDN 地址时，务必记得地址末尾的点号“.”不能省略。

修改完区域数据文件以后，可以执行 named-checkconf 命令对该文件进行语法检查。依次指定区域名称、数据文件名作为参数。如果文件中没有语法错误，系统将给出“OK”的提示信息。例如，若要检查 DNS 区域 kgc.cn 的区域数据文件 kgc.cn.zone，可以执行以下操作。

```
[root@localhost ~]# cd /var/named/
[root@localhost named]# named-checkzone kgc.cn kgc.cn.zone
zone  kgc.cn/IN: loaded serial 2011030501
OK
```

当多台服务器同时为一个网站提供服务时，可以在区域数据文件添加同一域名对应多个 IP 地址的域名解析记录，这是基于域名解析的负载均衡。

```
www       IN    A       173.16.16.173
www       IN    A       173.16.16.174
www       IN    A       173.16.16.175
```

当然也有一台服务器需要同时承载某个 DNS 区域内的许多个不同域名的时候（如 IDC 的虚拟主机服务器、提供个人主页空间的网站服务器等），可以在区域数据文件的最后一行添加泛域名解析记录，即使用“*”以匹配任意主机名。

```
*       IN    A       173.16.16.173
```

2.2 构建缓存域名服务器

前面学习了 DNS 服务器的相关基础知识、BIND 软件包的安装，以及 DNS 服务器的配置文件组成、配置格式等。下面分别讲解构建缓存域名服务器的基本过程。

缓存域名服务器通常架设在公司的局域网内，主要目的是提高域名解析的速度，减少对互联网访问的出口流量。例如，在一个小型企业的内部网络（见图 2.1）中，可单独建立一台（或集成在网关主机中）缓存域名服务器，为各部门的员工计算机提供 DNS 解析服务。

参考上述网络结构，本小节案例使用的基本环境和要求如下所述。

- 缓存域名服务器的 IP 地址为 192.168.1.5，并能够正常访问互联网。
- 缓存域名服务器代为处理客户端的 DNS 解析请求，并缓存查询结果。
- 局域网内的各 PC 将首选 DNS 服务器地址设为 192.168.1.5。

下面讲解使用 BIND 构建此缓存域名服务器的基本步骤。

1. 建立主配置文件 named.conf

若使用范本文件创建 named.conf，应注意修改或删除默认的监听设置、查询控制，以便能够为局域网段的客户机提供服务。另外，logging、view 配置部分一般用不到，可以先注释以避免其干扰。

```
[root@localhost ~]# vi /etc/named.conf
options {
      listen-on port 53 { 192.168.1.5; };
      directory  "/var/named";
      dump-file  "/var/named/data/cache_dump.db";
                                                   // 设置域名缓存数据库文件位置
      statistics-file  "/var/named/data/named_stats.txt";
                                                   // 设置状态统计文件位置
      memstatistics-file  "/var/named/data/named_mem_stats.txt";
      query-source  port 53;
      allow-query  { 192.168.1.0/24; };
      recursion  yes;
};
zone "." IN {                                      // 正向 "." 根区域
      type hint;                                   // 类型为根区域
      file "named.ca";                             // 区域数据文件为 named.ca
};
```


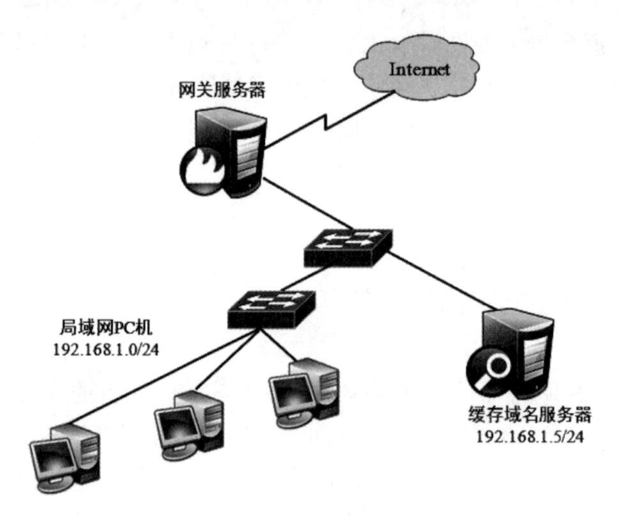

图 2.1　缓存域名服务器的应用环境

上述配置内容中，dump-file、statistics-file、memstatistics-file 等配置项用于指定缓存数据库文件、状态统计文件的位置。添加了“zone "." IN { };”部分的根区域设置，尽管缓存服务器并没有自主控制的区域数据，但可以向根服务器进行迭代查询，并将最终获得的解析结果反馈给客户。

有时候为了提高解析效率，也可以不向根区域查询，而是将来自客户端的查询请求转发给国内电信运营商的 DNS 服务器（如北京的 202.106.0.20、202.106.148.1），缓存服务器收到返回的查询结果后再传递给客户端。只要去掉“zone "." IN {……};”的设置，并在全局配置中正确设置 forwarders 参数即可实现该功能。

```
[root@localhost ~]# vi /etc/named.conf
options {
  ……      // 省略部分内容
```

```
    forwarders { 202.106.0.20; 202.106.148.1; };
};
```

2. 确认根域的区域数据文件 named.ca

根区域的区域数据文件默认位于文件 /var/named/named.ca 中，该文件记录了 Internet 中 13 台根域服务器的域名和 IP 地址等相关信息。

3. 启动 named 服务

执行“service named start”命令，启动 named 服务，并通过 netstat 命令确认 named 服务的端口监听状态。若服务启动失败或发现没有正常监听 UDP 53 端口，可以根据错误提示信息（或者 /var/log/messages 文件中的日志记录）排除错误，然后再重启服务即可。

```
[root@localhost ~]# service named start
启动 named:                                    [ 确定 ]
[root@localhost ~]# netstat -anpu | grep named
udp    0    0 192.168.1.5:53    0.0.0.0:*        11687/named
udp    0    0 0.0.0.0:53        0.0.0.0:*        11687/named
```

4. 验证缓存域名服务器

在局域网内的客户机中，将首选 DNS 服务器的地址设为 192.168.1.5，生效后，执行“nslookup www.google.com”命令对其进行解析，验证其是否能够获得该域名对应的 IP 地址信息。

在配置启动 named 服务过程当中可能会遇到一些错误会导致域名服务器无法正常提供服务，这时可以跟踪 /var/log/messages 这个日志文件，查看日志信息来排查错误。

2.3 构建主从域名服务器

2.3.1 构建主域名服务器

主域名服务器通常架设在 Internet 环境中，提供某一个域或某几个域内的主机名与 IP 地址的查询服务。为了分担域名查询的压力、提供区域数据的备份，有时还会另外架设一台从域名服务器，与主域名服务器同时提供服务，如图 2.2 所示。

参考上述网络结构，本小节和下一小节将分别介绍主域名服务器、从域名服务器的构建过程。案例使用的基本网络环境和要求如下所述。

- 主、从域名服务器均位于 Internet 中，所负责的 DNS 区域为“kgc.cn”。
- 主服务器的 IP 地址为 173.16.16.5，主机名为 ns1.kgc.cn。
- 从服务器的 IP 地址为 173.16.16.6，主机名为 ns2.kgc.cn。
- 在 kgc.cn 区域中，除了 NS 记录以外，提供的解析记录还包括以下内容。

  - ◆ 网站服务器 www.kgc.cn，IP 地址为 173.16.16.1。
  - ◆ 邮件服务器 mail.kgc.cn，IP 地址为 173.16.16.2。
  - ◆ 在线培训服务器 study.kgc.cn，IP 地址为 173.16.16.3。
- 参考上述各服务器的地址映射关系，为 173.16.16.0/24 网段提供反向解析。
- 设置 kgc.cn 域的泛域名解析，对应的 IP 地址为 173.16.16.1。
- 客户机将首选、备用 DNS 服务器分别设为 173.16.16.5 和 173.16.16.6，使用其中的任何一个服务器，都能够正常查询 kgc.cn 区域中的主机地址。

图 2.2　构建主、从域名服务器

下面首先讲解使用 BIND 构建主域名服务器的基本步骤。

1. 确认本机的网络地址、主机映射、默认 DNS 服务器地址

将主域名服务器的 IP 地址设为 173.16.16.5、主机名设为 ns1.kgc.cn，通过修改网络配置文件的方式进行，具体操作过程略。另外，为了提高域名解析效率，建议将两个 DNS 服务器的地址映射直接写入到 /etc/hosts 文件中，并在 /etc/resolv.conf 文件中指定两个 DNS 服务器的地址。

```
[root@localhost etc]# tail-2 /etc/hosts
173.16.16.5          ns1.kgc.cn    ns1
173.16.16.6          ns2.kgc.cn    ns2
[root@localhost etc]# tail-2 /etc/resolv.conf
nameserver 173.16.16.5
nameserver 173.16.16.6
```

2. 建立主配置文件 named.conf

新创建的 named.conf 主配置文件，由于只需要提供 kgc.cn 域的正向解析和 173.16.16.0/24 网段的反向解析，因此相应地添加这两个区域即可。根区域、回环域等其他配置内容可以省略。

```
[root@localhost ~]# vi /etc/named.conf
options {
  directory  "/var/named";
};
zone "kgc.cn" IN {
```

```
    type master;                          // 类型为主区域
    file "kgc.cn.zone";                   // 区域数据文件为 kgc.cn.zone
    allow-transfer { 173.16.16.6; };      // 允许从服务器下载正向区域数据
};
zone "16.16.173.in-addr.arpa" IN {
    type master;
    file "173.16.16.arpa";                // 区域数据文件为 173.16.16.arpa
    allow-transfer { 173.16.16.6; };      // 允许从服务器下载反向区域数据
};
```

当不需要建立从域名服务器时，上述配置内容中的“allow-transfer ……”部分可以不添加；当不需要提供反向解析时，“zone "16.16.173.in-addr.arpa" ……”部分也可以去掉。

3. 建立正、反向区域数据文件

根据 named.conf 中的 zone 区域设置，分别建立正向区域数据文件 kgc.cn.zone、反向区域数据文件 173.16.16.arpa。配置内容可以参考区域数据文件 /var/named/named.localhost。


```
[root@localhost ~]# cd /var/named/               // 切换到区域文件的默认存放位置
[root@localhost named]# vi kgc.cn.zone           // 创建正向区域数据文件
$TTL 86400
@ SOA kgc.cn. admin.kgc.cn. (
      2011030301
      4H
      30M
      12H
      1D
)
@        IN    NS        ns1.kgc.cn.
         IN    NS        ns2.kgc.cn.
         IN    MX  10    mail.kgc.cn.
ns1      IN    A         173.16.16.5
ns2      IN    A         173.16.16.6
mail     IN    A         173.16.16.2
www      IN    A         173.16.16.1
study    IN    A         173.16.16.3
*        IN    A         173.16.16.1

[root@localhost named]# vi 173.16.16.arpa        // 创建反向区域数据文件
$TTL 86400
@ SOA kgc.cn. admin.kgc.cn. (
      2011030301
      4H
      30M
      12H
```

```
        1D
)
        IN      NS      ns1.kgc.cn.
        IN      NS      ns2.kgc.cn.
1       IN      PTR     www.kgc.cn.
2       IN      PTR     mail.kgc.cn.
3       IN      PTR     study.kgc.cn.
5       IN      PTR     ns1.kgc.cn.
6       IN      PTR     ns2.kgc.cn.
```

4. 启动 named 服务或重载配置

执行"service named start"命令以启动named服务，如果之前named服务已经在运行，也可以重启服务或重载配置。

```
[root@localhost named]# service named reload
重新载入 named:                                  [ 确定 ]
```

5. 验证主域名服务器

在客户端将 DNS 服务器指向 173.16.16.5（主域名服务器的 IP 地址），使用 nslookup 命令验证 DNS 查询结果。例如，以下操作使用 Windows 7 客户机分别验证了正向域名解析、泛域名解析、反向域名解析的查询结果。

```
C:\Users\Administrator> nslookup study.kgc.cn        // 验证正向域名解析
服务器：ns1.kgc.cn
Address:  173.16.16.5
名称：   study.kgc.cn
Address:  173.16.16.3

C:\Users\Administrator> nslookup xxyyzz.kgc.cn       // 验证泛域名解析
服务器：ns1.kgc.cn
Address:  173.16.16.5
名称：   xxyyzz.kgc.cn
Address:  173.16.16.1

C:\Users\Administrator> nslookup 173.16.16.2         // 验证反向域名解析
服务器：ns1.kgc.cn
Address:  173.16.16.5
名称：   mail.kgc.cn
Address:  173.16.16.2
```

2.3.2 构建从域名服务器

本小节将延续之前的应用案例，在已经构建好主域名服务器 173.16.16.5 的基础之上，继续构建从域名服务器 173.16.16.6。

1. 确认本机的网络地址、主机映射、默认 DNS 服务器地址

将从域名服务器的 IP 地址设为 173.16.16.6，主机名设为 ns2.kgc.cn，通过修改网络配置文件的方式进行，具体操作过程略。另外，主机映射文件 /etc/hosts 和 DNS 解析文件 /etc/resolv.conf 的内容与主服务器中的内容相同。

2. 建立主配置文件 named.conf

在从域名服务器中，named.conf 文件的内容与主服务器的内容大部分相同，只是不需要再设置“allow-transfer ……”；更关键的一点是，zone 部分的区域类型应设置为“slave”，并添加“masters { };”语句来指定主域名服务器的地址。

```
[root@localhost ~]# vi /etc/named.conf
options {
    directory  "/var/named";
};
zone "kgc.cn" IN {
    type slave;                          // 类型为从区域
    masters { 173.16.16.5; };            // 指定主服务器的 IP 地址
    file "slaves/kgc.cn.zone";           // 下载的区域文件保存到 slaves/ 目录
};
zone "16.16.173.in-addr.arpa" IN {
    type slave;
    masters { 173.16.16.5; };
    file "slaves/173.16.16.arpa";
};
```

由于从服务器的区域数据文件是从主服务器中下载而来，因此该文件保存的名称可以自行定义，不用必须与主服务器中的一致。但需要注意的是，named 服务默认以名为“named”的用户身份运行，因此要确认 named 用户对存放目录有写入权限。

```
[root@localhost ~]# ls -ld /var/named/slaves/
drwxrwx--- 2 named named 4096 8 月  14 2013 /var/named/slaves/
```

3. 启动 named 服务，查看区域数据文件是否下载成功

在从域名服务器中启动 named 服务，若配置无误，则 named 将会从主域名服务器中自动下载指定的区域数据文件，并保存到“slaves/”目录下。另外，通过系统日志文件 /var/log/messages 也可以观察到下载区域数据文件的过程。

```
[root@localhost ~]# service named start
启动 named:                                    [ 确定 ]
[root@localhost ~]# ls -lh /var/named/slaves/
总计 8.0K
-rw-r--r-- 1 named named 450 8 月 14 16:57 173.16.16.arpa
-rw-r--r-- 1 named named 453 8 月 14 16:57 kgc.cn.zone
```

4. 验证从域名服务器

对于客户端来说，从域名服务器与主域名服务器并没有什么区别，通过主服务器

能够查询到的信息，通过从服务器也同样能够查询到。验证从域名服务器时，只需要将客户端的首选 DNS 服务器地址设为 173.16.16.6（从域名服务器的 IP 地址），使用 nslookup 命令进行正常测试即可。例如，以下操作是使用 Linux 客户机的测试结果。

```
[root@localhost ~]# nslookup study.kgc.cn
Server:        173.16.16.6
Address:       173.16.16.6#53
Name:   study.kgc.cn
Address: 173.16.16.3
[root@localhost ~]# nslookup 173.16.16.2
Server:        173.16.16.6
Address:       173.16.16.6#53
2.16.16.173.in-addr.arpa        name = mail.kgc.cn.
```


5. 测试主从同步

当主从服务器构建成功后，主从服务器解析记录就会同步，当主服务器增加地址解析记录，并修改序列号时，从服务器就会检测到序列号与主域名服务器上的不同，从而自动同步数据。当然也可以在主服务器配置“also-notify {173.16.16.6;};”，配置完这一选项后，当主服务器上有数据的变化时，会主动通知从服务器下载数据来进行同步。该项中 IP 地址是从域名服务器的 IP 地址。

2.4 构建分离解析的域名服务器

分离解析的域名服务器实际也还是主域名服务器，这里所说的分离解析（Split DNS），主要是指根据不同的客户端提供不同的域名解析记录。来自不同地址的客户机请求解析同一域名时，为其提供不同的解析结果。

例如，当 DNS 服务器面向 Internet 和企业内部局域网络同时提供服务时，可能需要将局域网用户访问公司域名（www.bt.com、mail.bt.com）的数据，直接发往位于内网中的网站、邮件服务器，以减轻网关服务器的地址转换负担，如图 2.3 所示。

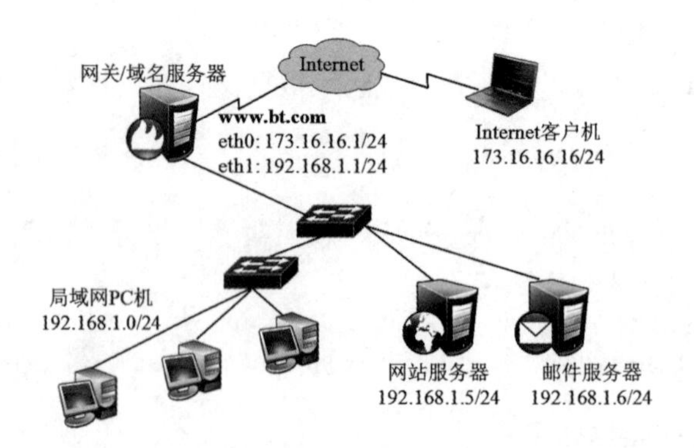

图 2.3　构建分离解析的域名服务器

案例使用的基本网络环境和要求如下所述。

- 域名服务架设在企业网关服务器中，IP 地址为 173.16.16.1。
- 所负责的 DNS 域为“bt.com”，在 Internet 中的公共域名“www.bt.com”和“mail.bt.com”均解析为网关的公网 IP 地址“173.16.16.1”。
- 公司的网站、邮件服务器均位于局域网内，IP 地址分别为“192.168.1.5”和“192.168.1.6”。
- 局域网内的主机均将 DNS 地址设为 192.168.1.1，当内网用户访问地址“www.bt.com”和“mail.bt.com”时，分别解析为内部服务器的 IP 地址“192.168.1.5”和“192.168.1.6”。

下面简单介绍构建分离解析的域名服务器的基本步骤。

（1）在 named.conf 主配置文件中为不同的客户机地址启用不同的 zone 区域设置，各自使用独立的数据文件。

在 named.conf 文件中，主要使用“view”配置语句和“match-clients”配置项，根据不同的客户端地址将对“bt.com”域的查询对应到不同的地址数据库文件，从而由不同的数据库文件提供不同的解析结果。

```
view "LAN" {                                    // 设置面向内网用户的视图
  match-clients { 192.168.1.0/24; };            // 匹配条件为来自内网的客户端地址
  zone "bt.com" IN {
    type master;
    file "bt.com.zone.lan";                     // 指定面向内网用户的地址数据库文件
  };
};
view "WAN" {                                    // 设置面向外网用户的视图
  match-clients { any; };                       // 匹配条件为 "any" 任意地址
  zone "bt.com" IN {
    type master;
    file "bt.com.zone.wan";                     // 指定面向外网用户的地址数据库文件
  };
};
```

注意将包含“match-clients { any; };”的“view”配置段放在文件中的最后一部分，否则会导致其后的“view”配置段失效（找到一个匹配结果后即不再继续向下匹配）。

（2）分别建立不同的区域数据文件。

根据 named.conf 中的 zone 设置，为“bt.com”区域分别建立面向内网、外网客户端的地址数据库文件。

```
[root@ns1 ~]# vi /var/named/chroot/var/named/bt.com.zone.lan
……
ns1     IN    A     192.168.1.1
www     IN    A     192.168.1.5
mail    IN    A     192.168.1.6
```

```
[root@ns1 ~]# vi /var/named/chroot/var/named/bt.com.zone.wan
……
ns1     IN    A      173.16.16.1
www     IN    A      173.16.16.1
mail    IN    A      173.16.16.1
```

（3）启动或重新加载 named 服务程序。

执行“service named reload”命令使 named 服务重新启动。

（4）验证分离解析的域名服务器。

分别在内、外网的客户端主机中进行域名解析测试，对同一个域名（如“www.bt.com”）将会得到不同的解析结果。

使用 192.168.1.0/24 网段的客户机解析 www.bt.com，结果应为 192.168.1.5。

使用其他 IP 地址的客户机解析 www.bt.com，结果应为 173.16.16.1。

分离解析的域名服务器还有其他应用，例如可以为不同运营商的用户解析不同的 IP 地址，从而加快访问速度，如图 2.4 所示。

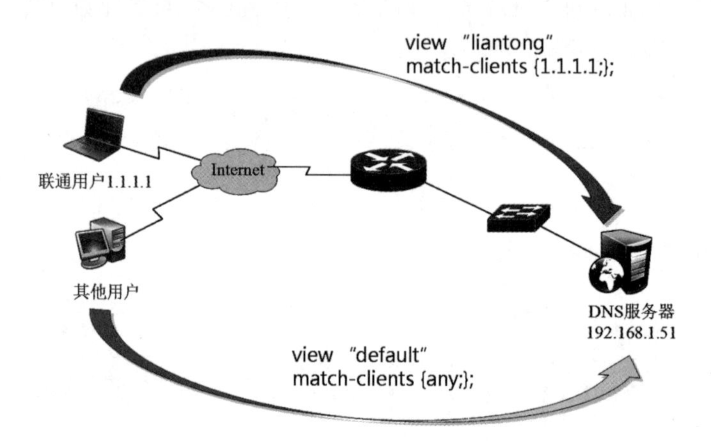

图 2.4　分离解析的域名服务器的其他应用

本章总结

- DNS 系统主要提供以下功能：根据域名查找 IP 地址（正向解析），根据 IP 地址查找域名（反向解析）。
- 常见的 DNS 服务器类型包括：缓存域名服务器、主域名服务器、从域名服务器。
- DNS 服务的配置文件主要包括：主配置文件 named.conf、各个解析区域的区域数据文件。
- 主、从域名服务器是根据 SOA 记录中的更新序列号来同步主、从服务器的区域数据文件。

- 主域名服务器配置“also-notify { 从域名服务器地址 ;};”后，当主域名服务器上数据文件发生变化，会主动通知从域名服务器。
- 分离解析的域名服务器实际也还是主域名服务器，可以根据不同的客户端提供不同的域名解析记录。

本章作业

1. 简述 DNS 服务器的主要作用。
2. 在 DNS 区域数据文件中，常见的解析记录类型包括哪些？各自的作用是什么？
3. 简述主域名服务器、从域名服务器、分离解析域名服务器的区别。
4. 基于 CentOS 7.3 搭建主域名服务器、从域名服务器、分离解析域名服务器。
5. 用课工场 APP 扫一扫，完成在线测试，快来挑战吧！

随手笔记

第3章

远程访问及控制

技能目标

- 学会构建 SSH 远程登录服务
- 学会使用 SSH 客户端工具
- 学会编写 TCP Wrappers 访问策略

本章导读

在此前的课程中曾陆续学习了网站、FTP 等各种网络服务，实际上大多数企业服务器是通过远程登录的方式来进行管理的。当需要从一个工作站管理数以百计的服务器主机时，远程维护的方式将更占优势。

本章将学习如何针对 Linux 环境使用安全的远程管理途径，以及通过 TCP Wrappers 机制为应用提供访问控制。

知识服务

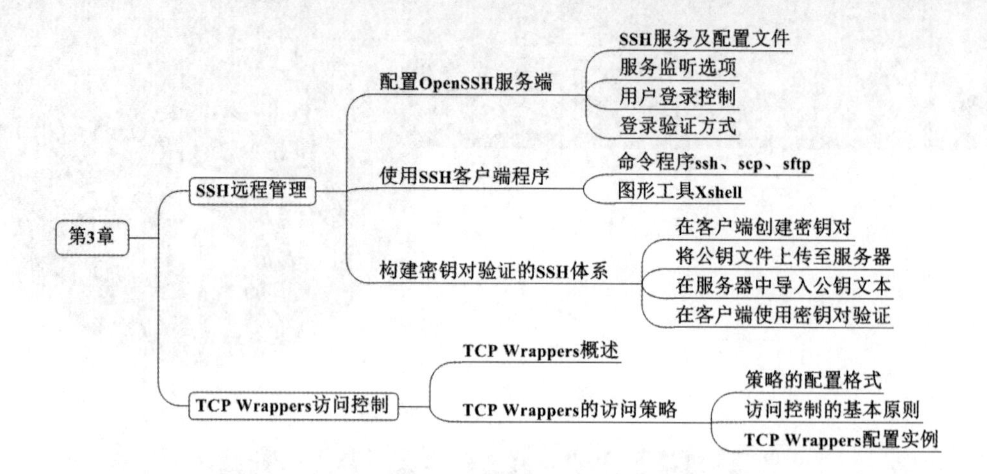

3.1 SSH 远程管理

SSH（Secure Shell）是一种安全通道协议，主要用来实现字符界面的远程登录、远程复制等功能。SSH 协议对通信双方的数据传输进行了加密处理，其中包括用户登录时输入的用户口令。与早期的 telnet（远程登录）、rsh（Remote Shell，远程执行命令）、rcp（Remote File Copy，远程文件复制）等应用相比，SSH 协议提供了更好的安全性。

本节将以 OpenSSH 为例，介绍 Linux 服务器的远程管理及安全控制。OpenSSH 是实现 SSH 协议的开源软件项目，适用于各种 UNIX、Linux 操作系统。关于 OpenSSH 项目的更多内容可以访问其官方网站 http://www.openssh.com 。

3.1.1 配置 OpenSSH 服务端

1. SSH 服务及配置文件

在 CentOS 6.5 系统中，OpenSSH 服务器由 openssh、openssh-server 等软件包提供（默认已安装），并已将 sshd 添加为标准的系统服务。执行“service sshd start”命令即可按默认配置启动 sshd 服务，包括 root 在内的大部分用户（只要拥有合法的登录 Shell）都可以远程登录系统。

sshd 服务的配置文件默认位于 /etc/ssh/sshd_config 目录下，正确调整相关配置项，可以进一步提高 sshd 远程登录的安全性。下面介绍最常用的一些配置项，关于 sshd_config 文件的更多配置可参考 man 手册页。

2. 服务监听选项

sshd 服务使用的默认端口号为 22，必要时建议修改此端口号，并指定监听服务的具体 IP 地址，以提高在网络中的隐蔽性。除此之外，SSH 协议的版本选用 V2 比 V1 的安全性要更好，禁用 DNS 反向解析可以提高服务器的响应速度。

```
[root@localhost ~]# vi /etc/ssh/sshd_config
Port 22                                  // 监听端口为 22
ListenAddress 192.168.4.254              // 监听地址为 192.168.4.254
Protocol 2                               // 使用 SSH V2 协议
……                                       // 省略部分内容
UseDNS no                                // 禁用 DNS 反向解析
……                                       // 省略部分内容
[root@localhost ~]# service sshd reload
重新载入 sshd:                           [ 确定 ]
```

3. 用户登录控制

sshd 服务默认允许 root 用户登录，当在 Internet 中使用时这是非常不安全的。普遍的做法是：先以普通用户远程登入，进入安全 Shell 环境后，根据实际需要使用 su 命令切换为 root 用户。

关于 sshd 服务的用户登录控制，通常应禁止 root 用户或密码为空的用户登录。另外，可以限制登录验证的时间（默认为 2 分钟）及最大重试次数，若超过限制后仍未能登录则断开连接。

```
[root@localhost ~]# vi /etc/ssh/sshd_config
LoginGraceTime 2m                        // 登录验证时间为 2 分钟
PermitRootLogin no                       // 禁止 root 用户登录
MaxAuthTries 6                           // 最大重试次数为 6

PermitEmptyPasswords no                  // 禁止空密码用户登录
……                                       // 省略部分内容
[root@localhost ~]# service sshd reload
```

当希望只允许或禁止某些用户登录时，可以使用 AllowUsers 或 DenyUsers 配置，两者用法类似（注意不要同时使用）。例如，若只允许 jerry 和 admin 用户登录，且其中 admin 用户仅能够从 IP 地址为 61.23.24.25 的主机远程登录，可以参考以下操作。

```
[root@localhost ~]# vi /etc/ssh/sshd_config
……                                       // 省略部分内容
AllowUsers jerry admin@61.23.24.25       // 多个用户以空格分隔
[root@localhost ~]# service sshd reload
```

4. 登录验证方式

对于服务器的远程管理，除了用户账号的安全控制以外，登录验证的方式也非常重要。sshd 服务支持两种验证方式——密码验证、密钥对验证，可以设置只使用其中一种方式，也可以两种方式都启用。

（1）密码验证

以服务器中本地系统用户的登录名称、密码进行验证。这种方式使用最为简便，但从客户机角度来看，正在连接的服务器有可能被假冒；从服务器角度来看，当遭遇密码穷举（暴力破解）攻击时防御能力比较弱。

（2）密钥对验证

要求提供相匹配的密钥信息才能通过验证。通常先在客户机中创建一对密钥文件（公钥、私钥），然后将公钥文件放到服务器中的指定位置。远程登录时，系统将使用公钥、私钥进行加密 / 解密关联验证，大大增强了远程管理的安全性。

关于公钥（Public Key）和私钥（Private Key），这里简单介绍一下，它们的关系如下。

- 公钥和私钥是成对生成的，这两个密钥互不相同，可以互相加密和解密。
- 不能根据一个密钥来推算出另一个密钥。
- 公钥对外公开，私钥只有私钥的持有人才知道。

公钥与私钥要配对使用，如果用公钥对数据进行加密，只有用相对应的私钥才能解密；如果用私钥对数据进行加密，那么只有用对应的公钥才能解密。

当密码验证、密钥对验证都启用时，服务器将优先使用密钥对验证。对于安全性要求较高的服务器，建议将密码验证方式禁用，只允许启用密钥对验证方式；若没有特殊要求，则两种方式都可启用。


```
[root@localhost ~]# vi /etc/ssh/sshd_config
PasswordAuthentication  yes                    // 启用密码验证
PubkeyAuthentication  yes                      // 启用密钥对验证
AuthorizedKeysFile  .ssh/authorized_keys       // 指定公钥库数据文件
……                                             // 省略部分内容
[root@localhost ~]# service sshd reload
```

其中，公钥库文件用来保存各客户机上传的公钥文本，以便与客户机本地的私钥文件进行匹配。

3.1.2 使用 SSH 客户端程序

在 CentOS 6.5 系统中，OpenSSH 客户端由 openssh-clients 软件包提供（默认已安装），其中包括 ssh 远程登录命令，以及 scp、sftp 远程复制和文件传输命令等。实际上，任何支持 SSH 协议的客户端程序都可以与 OpenSSH 服务器进行通信，如 Windows 平台中的 Xshell、SecureCRT、Putty 等图形工具。

1. 命令程序 ssh、scp、sftp

（1）ssh 远程登录

通过 ssh 命令可以远程登录 sshd 服务，为用户提供一个安全的 Shell 环境，以便对服务器进行管理和维护。使用时应指定登录用户、目标主机地址作为参数。例如，若要登录主机 192.168.4.254，以对方的 kgc 用户进行验证，可以执行以下操作。

```
[root@localhost ~]# ssh  kgc@192.168.4.254
The authenticity of host '192.168.4.254 (192.168.4.254)' can't be established.
RSA key fingerprint is fa:34:2e:93:8d:56:07:9d:2a:3d:c3:18:40:bc:b9:5a.
```

```
Are you sure you want to continue connecting (yes/no)? yes        // 接受密钥
Warning: Permanently added '192.168.4.254' (RSA) to the list of known hosts.
kgc@192.168.4.254's password:                                     // 输入密码
```

当用户第一次登录 SSH 服务器时，必须接受服务器发来的 RSA 密钥（根据提示输入“yes”）后才能继续验证。接收的密钥信息将保存到～/.ssh/known_hosts 文件中。密码验证成功以后，就登录到目标服务器的命令行环境中了，就好像把客户机的显示器、键盘连接到服务器一样。

```
[kgc@localhost ~]$ whoami                                         // 确认当前用户
kgc
[kgc@localhost ~]$ /sbin/ifconfig eth0 | grep "inet addr"         // 确认当前主机地址
      inet addr:192.168.4.254  Bcast:192.168.4.255  Mask:255.255.255.0
```

如果 sshd 服务器使用了非默认的端口号（如 2345），则在登录时必须通过“-p”选项指定端口号。例如，执行以下操作将访问主机 192.168.4.22 的 2345 端口，以对方的 jerry 用户验证登录。

```
[root@localhost ~]# ssh -p 2345 jerry@192.168.4.22
jerry@192.168.4.22's password:                                    // 输入密码
[jerry@localhost ~]$
```

（2）scp 远程复制

通过 scp 命令可以利用 SSH 安全连接与远程主机相互复制文件。使用 scp 命令时，除了必须指定复制源、目标之外，还应指定目标主机地址、登录用户，执行后提示验证口令即可。例如，以下操作分别演示了下行、上行复制的操作过程，将远程主机中的 /etc/passwd 文件复制到本机，并将本机的 /etc/vsftpd 目录复制到远程主机。

```
[root@localhost ~]# scp root@192.168.4.254:/etc/passwd /root/pwd254.txt
root@192.168.4.254's password:
passwd                        100% 2226     2.2KB/s   00:00
[root@localhost ~]# scp -r /etc/vsftpd/ root@192.168.4.254:/opt
root@192.168.4.254's password:
user_list                     100%  361     0.4KB/s   00:00
vsftpd.conf                   100% 4592     4.5KB/s   00:00
ftpusers                      100%  125     0.1KB/s   00:00
vsftpd_conf_migrate.sh        100%  338     0.3KB/s   00:00
```

（3）sftp 安全 FTP

通过 sftp 命令可以利用 SSH 安全连接与远程主机上传、下载文件，采用了与 FTP 类似的登录过程和交互式环境，便于目录资源管理。例如，以下操作依次演示了 sftp 登录、浏览、文件上传等过程。

```
[root@localhost ~]# sftp kgc@192.168.4.254
Connecting to 192.168.4.254...
kgc@192.168.4.254's password:                         // 输入密码
sftp> ls
```

```
install.log
……                                                  // 省略部分内容
sftp> put /boot/config-2.6.32-431.el6.x86_64        // 上传文件
Uploading /boot/config-2.6.32-431.el6.x86_64 to /home/kgc/config-2.6. 32-431.el6.x86_64
/boot/config-2.6.32-431.el6.x86_64       100%  103KB  68.0KB/s  00:00
sftp> ls
config-2.6.32-431.el6.x86_64
install.log
……                                                  // 省略部分内容
sftp> bye                                           // 退出登录
[root@localhost ~]#
```

2. 图形工具 Xshell

图形工具 Xshell 是 Windows 下一款功能非常强大的安全终端模拟软件，支持 Telnet、SSH、SFTP 等协议，可以方便地对 Linux 主机进行远程管理。

安装并运行 Xshell 后，在新建会话窗口中指定远程主机的 IP 地址、端口号等相关信息，然后单击“连接”按钮，根据提示接受密钥、验证密码后即可成功登录目标主机，如图 3.1 所示。

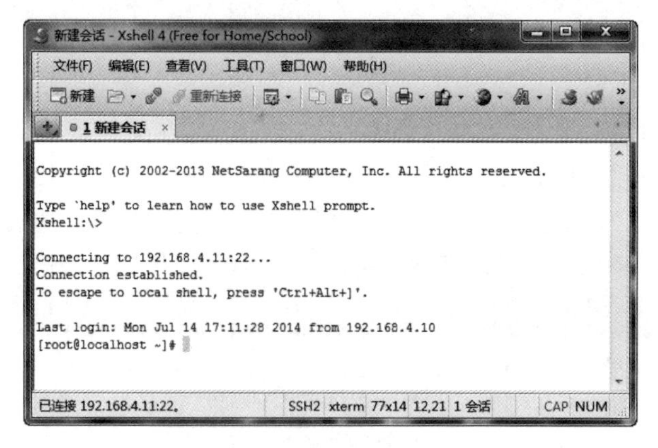

图 3.1　Xshell 工具的登录

3.1.3　构建密钥对验证的 SSH 体系

正如前面所提及的，密钥对验证方式可以为远程登录提供更好的安全性。下面将介绍在 Linux 服务器、客户机中构建密钥对验证 SSH 体系的基本过程，如图 3.2 所示。

1. 在客户端创建密钥对

在 Linux 客户机中，通过 ssh-keygen 工具为当前用户创建密钥对文件。可用的加密算法为 RSA 或 DSA（“ssh-keygen”命令的“-t”选项用于指定算法类型）。例如，以 zhangsan 用户登录客户机，并生成基于 RSA 算法的 SSH 密钥对（公钥、私钥）文件，操作如图 3.2 所示。

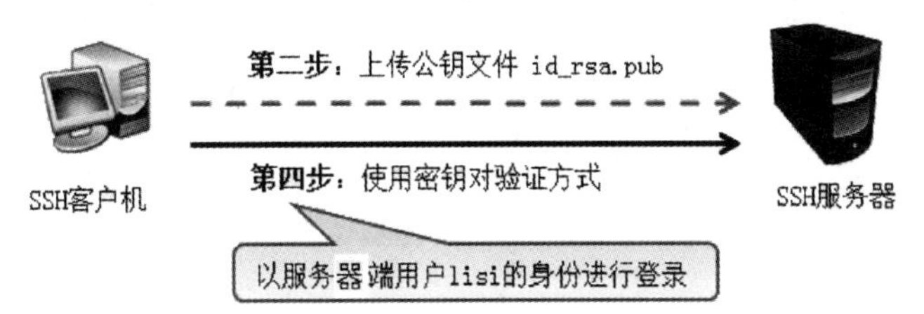

图 3.2 SSH 密钥对验证的实现过程

```
[zhangsan@localhost ~]$ ssh-keygen -t rsa
Generating public/private rsa key pair.
Enter file in which to save the key (/home/zhangsan/.ssh/id_rsa):
                                                    // 指定私钥位置
Enter passphrase (empty for no passphrase):         // 设置私钥短语
Enter same passphrase again:                        // 确认所设置的短语
Your identification has been saved in /home/zhangsan/.ssh/id_rsa.
Your public key has been saved in /home/zhangsan/.ssh/id_rsa.pub.
The key fingerprint is:
12:21:84:97:1d:af:77:20:d3:e2:a7:e1:be:e4:0e:7f zhangsan@localhost.localdomain
……                                                  // 省略部分内容
```

上述操作过程中，提示指定私钥文件的存放位置时，一般直接按 Enter 键即可，最后生成的私钥、公钥文件默认存放在宿主目录中的隐藏文件夹 .ssh 下。私钥短语用来对私钥文件进行保护，当使用该私钥验证登录时必须正确提供此处所设置的短语。尽管不设置私钥短语也是可行的（实现无口令登录），但从安全角度考虑不建议这样做。

```
[zhangsan@localhost ~]$ ls -lh ~/.ssh/id_rsa*          // 确认生成的密钥文件
-rw------- 1 zhangsan zhangsan 1.7K 7 月    14  20:28 /home/zhangsan/.ssh/id_rsa
-rw-r--r-- 1 zhangsan zhangsan  407  7 月    14 20:28
/home/zhangsan/.ssh/id_rsa.pub
```

新生成的密钥对文件中，id_rsa 是私钥文件，权限默认为 600，对于私钥文件必须妥善保管，不能泄露给他人；id_rsa.pub 是公钥文件，用来提供给 SSH 服务器。

2. 将公钥文件上传至服务器

将上一步生成的公钥文件上传至服务器，并部署到服务器端用户的公钥数据库中。上传公钥文件时可以选择 FTP、Samba、HTTP 甚至发送 E-mail 等任何方式。例如，可以通过 scp 方式将文件上传至服务器的 /tmp 目录下。

```
[zhangsan@localhost ~]$ scp ~/.ssh/id_rsa.pub root@192.168.4.254:/tmp
```

3. 在服务器中导入公钥文本

在服务器中，目标用户（指用来远程登录的账号 lisi）的公钥数据库位于～/.ssh 目录，默认的文件名是 authorized_keys。当获得客户机发送过来的公钥文件以后，可以通过重定向将公钥文本内容追加到目标用户的公钥数据库中。

```
[root@localhost ~]# mkdir -p /home/lisi/.ssh/
[root@localhost ~]# cat /tmp/id_rsa.pub >> /home/lisi/.ssh/authorized_keys
[root@localhost ~]# tail -1 /home/lisi/.ssh/authorized_keys
ssh-rsa AAAAB3NzaC1yc2EAAAABIwAAAQEAm8uUlE5TNRTiVLGBsy4OzfcXTqNLF4pAUyrFq
    EOA/HDnQxX1af5M6B9s0UqcUc5fVRB51H3z2VMU9ivPYzmFMAck1ual12+
    Jjn8TeRoEO2vVl9wd83xRbNOjbH7zuWf+LOzS2yO0XENxU5KirzALrRh/YFA42/8+
    c7RH/TZb9xjKb37vx/HJ5OsFZ1AU++SrlG/MpZaR3kSLBDSx/
    LbkBJaAhy1nOk4S8F42Ksh9wVheJcqOVuFdXNJxCckviAsFJDHf9t8sjsctDPBo/fTyiH9O/
    ZNNt4093LsiwT7Yos0NuT+Ej6/aWiNUgp7wJghgG60c4BAbNbBJs90uZLsI4Q==
    zhangsan@localhost.localdomain
```

在公钥库 authorized_keys 文件中，最关键的内容是“ssh-rsa 加密字串”部分，当导入非 ssh-keygen 工具创建的公钥文本时，应确保此部分信息完整，最后的“zhangsan@localhost. localdomain”是注释信息（可有可无）。

由于 sshd 服务默认采用严格的权限检测模式（StrictModes yes），因此还需注意公钥库文件 authorized_keys 的权限——要求是登录的目标用户或 root 用户，同组或其他用户对该文件不能有写入权限，否则可能无法成功使用密钥对验证。

```
[root@localhost ~]# ls -l /home/lisi/.ssh/authorized_keys
-rw-r--r-- 1 root root 407 7 月  14 21:24 /home/lisi/.ssh/authorized_keys
```

除此之外，应该确认 sshd 服务支持密钥对验证方式，具体方法参见 3.1.1 节的登录验证方式设置。

4. 在客户端使用密钥对验证

当私钥文件（客户端）、公钥文件（服务器）均部署到位以后，就可以在客户机中进行测试了。首先确认客户机中当前的用户为 zhangsan，然后通过 ssh 命令以服务器端用户 lisi 的身份进行远程登录。如果密钥对验证方式配置成功，则在客户端将会要求输入私钥短语，以便调用私钥文件进行匹配（若未设置私钥短语，则直接登入目标服务器）。

```
[zhangsan@localhost ~]$ ssh lisi@192.168.4.254
[lisi@localhost ~]$                               // 成功登录服务器
```

第二步和第三步可以采用另外一种方法，即使用“ssh-copy-id -i 公钥文件 user@host”格式，-i 选项指定公钥文件，user 是指目标主机的用户。验证密码后，会将公钥自动添加到目标主机 user 宿主目录下的 .ssh/authorized_keys 文件结尾。

```
[zhangsan@localhost ~]$ ssh-copy-id -i ~/.ssh/id_rsa.pub lisi@192.168.4.254
The authenticity of host '192.168.4.254 (192.168.4.254)' can't be established.
RSA key fingerprint is d3:a8:12:20:81:02:e1:ba:f0:d9:a9:f0:45:4c:3a:8a.
Are you sure you want to continue connecting (yes/no)? yes
Warning: Permanently added '192.168.4.254' (RSA) to the list of known hosts.
```

```
lisi@192.168.4.254's password:                    // 输入 lisi 的密码
Now try logging into the machine, with "ssh 'lisi@192.168.4.254'", and check in:
  .ssh/authorized_keys
to make sure we haven't added extra keys that you weren't expecting.
```

查看服务器中目标用户 lisi 的公钥数据库如下。

```
[root@localhost ~]# ls -l /home/lisi/.ssh/authorized_keys
-rw------- 1 lisi lisi 400 7 月  17 17:27 /home/lisi/.ssh/authorized_keys
[root@localhost ~]# tail -1 /home/lisi/.ssh/authorized_keys
ssh-rsa AAAAB3NzaC1yc2EAAAABIwAAAQEAm8uUlE5TNRTiVLGBsy4OzfcXTqNLF4pAUyrFq
   EOA/HDnQxX1af5M6B9s0UqcUc5fVRB51H3z2VMU9ivPYzmFMAck1ual12+
   Jjn8TeRoEO2vVl9wd83xRbNOjbH7zuWf+LOzS2yO0XENxU5KirzALrRh/YFA42/8+c7RH/
   TZb9xjKb37vx/HJ5OsFZ1AU++SrlG/MpZaR3kSLBDSx/LbkBJaAhy1nOk4S8F42Ksh9w
   VheJcqOVuFdXNJxCckviAsFJDHf9t8sjsctDPBo/fTyiH9O/ZNNt4093LsiwT7Yos0NuT+
   Ej6/aWiNUgp7wJghgG60c4BAbNbBJs90uZLsI4Q== zhangsan@localhost
```

使用密钥对验证的方式登录时，不需要知道目标用户的密码，而是改为验证客户端用户的私钥短语并检查双方的私钥、公钥文件是否配对，这样安全性更好。

3.2 TCP Wrappers 访问控制

在 Linux 系统中，许多网络服务针对客户机提供了某种访问控制机制，如 Samba、BIND、HTTPD、OpenSSH 等。本节将介绍另一种防护机制——TCP Wrappers（TCP 封套），以作为应用服务与网络之间的一道特殊防线，提供额外的安全保障。

3.2.1 TCP Wrappers 概述

TCP Wrappers 将其他的 TCP 服务程序“包裹”起来，增加了一个安全检测过程，外来的连接请求必须先通过这层安全检测，获得许可后才能访问真正的服务程序，如图 3.3 所示。TCP Wrappers 还可以记录所有企图访问被保护服务的行为，为管理员提供丰富的安全分析资料。TCP Wrappers 的访问控制是基于 TCP 协议的应用服务。

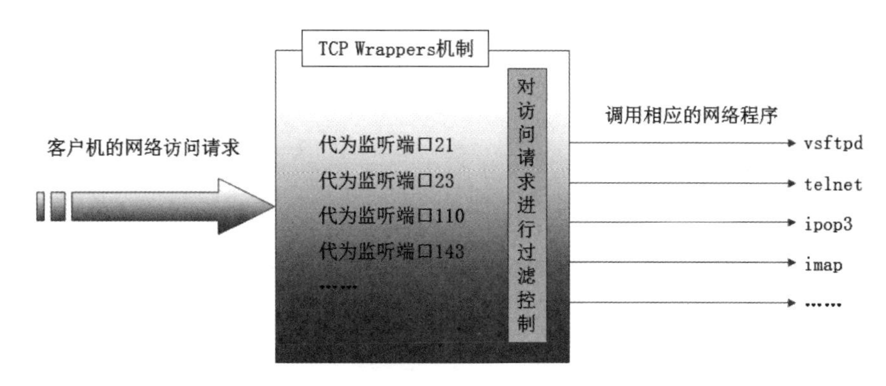

图 3.3 TCP Wrappers 的工作原理

相对于 iptables 防火墙访问控制规则，TCP Wrappers 的配置更加简单。但是 TCP Wrappers 也有两个缺点：第一，TCP Wrappers 只能控制 TCP 协议的应用服务；第二，并不是所有基于 TCP 协议的应用服务都能接受 TCP Wrappers 的控制。对于大多数 Linux 发行版，TCP Wrappers 是默认提供的功能。CentOS 6.5 中使用的软件包是 tcp_wrappers-7.6-57.el6.x86_64，该软件包提供了执行程序 tcpd 和共享链接库文件 libwrap.so.* ，对应 TCP Wrapper 保护机制的两种实现方式——直接使用 tcpd 程序对其他服务程序进行保护，需要运行 tcpd；由其他网络服务程序调用 libwrap.so.* 链接库，不需要运行 tcpd 程序。

通常，链接库方式的应用要更加广泛也更有效率。例如，vsftpd、sshd 及超级服务器 xinetd 等，都调用了 libwrap 共享库（使用 ldd 命令可以查看程序的共享库）。

```
[root@localhost ~]# ldd /usr/sbin/sshd | grep "libwrap"
    libwrap.so.0 => /lib64/libwrap.so.0 (0x00007f9b6fa84000)
```


注意

xinetd 是一个特殊的服务管理程序，通常被称为超级服务器。xinetd 通过在 /etc/xinetd.d 目录下为每一个被保护的程序建立一个配置文件，调用 TCP Wrappers 机制来提供额外的访问控制保护。

3.2.2 TCP Wrappers 的访问策略

TCP Wrappers 机制的保护对象为各种网络服务程序，针对访问服务的客户机地址进行访问控制。对应的两个策略文件为 /etc/hosts.allow 和 /etc/hosts.deny，分别用来设置允许和拒绝的策略。

1. 策略的配置格式

两个策略文件的作用相反，但配置记录的格式相同，如下所示。

```
<服务程序列表>:<客户机地址列表>
```

服务程序列表、客户机地址列表之间以冒号分隔，在每个列表内的多个项之间以逗号分隔。

（1）服务程序列表

服务程序列表可分为以下几类。

- ALL：代表所有的服务。
- 单个服务程序：如“vsftpd”。
- 多个服务程序组成的列表：如“vsftpd,sshd”。

（2）客户机地址列表

客户机地址列表可分为以下几类。

- ALL：代表任何客户机地址。
- LOCAL：代表本机地址。
- 单个 IP 地址：如“192.168.4.4”。
- 网络段地址：如“192.168.4.0/255.255.255.0”。
- 以“.”开始的域名：如“.kgc.cn”匹配 kgc.cn 域中的所有主机。
- 以“.”结束的网络地址：如“192.168.4.”匹配整个 192.168.4.0/24 网段。
- 嵌入通配符“*”“?”：前者代表任意长度字符，后者仅代表一个字符，如“10.0.8.2*”匹配以 10.0.8.2 开头的所有 IP 地址。不可与以“.”开始或结束的模式混用。
- 多个客户机地址组成的列表：如“192.168.1., 172.17.17., .kgc.cn”。

2. 访问控制的基本原则

关于 TCP Wrappers 机制的访问策略，应用时遵循以下顺序和原则：首先检查 /etc/hosts.allow 文件，如果找到相匹配的策略，则允许访问，否则继续检查 /etc/hosts.deny 文件，如果找到相匹配的策略，则拒绝访问；如果检查上述两个文件都找不到相匹配的策略，则允许访问。

3. TCP Wrappers 配置实例

实际使用 TCP Wrappers 机制时，较宽松的策略可以是“允许所有，拒绝个别”，较严格的策略是“允许个别，拒绝所有”。前者只需在 hosts.deny 文件中添加相应的拒绝策略就可以了；后者则除了在 hosts.allow 中添加允许策略之外，还需要在 hosts.deny 文件中设置“ALL:ALL”的拒绝策略。

例如，若只希望 IP 地址为 61.63.65.67 的主机或者位于 192.168.2.0/24 网段的主机访问 sshd 服务，拒绝其他地址，可以执行以下操作。

```
[root@localhost ~]# vi /etc/hosts.allow
sshd:61.63.65.67,192.168.2.*
[root@localhost ~]# vi /etc/hosts.deny
sshd:ALL
```

本章总结

- SSH 服务支持两种登录验证方式：密码验证、密钥对验证。
- SSH 服务的安全控制包括修改监听端口、禁止 root 用户或空口令用户登录、仅允许个别用户、采用密钥对验证等。
- 构建 SSH 密钥对验证体系时，需要将客户端的公钥发送给服务器，并将其导入目标用户的 authorized_keys 文件中。
- TCP Wrappers 机制可以为网络服务提供额外安全保护，访问策略配置文件为 /etc/hosts.allow、/etc/hosts.deny。

本章作业

1．简述 SSH 密钥对验证的实现过程。
2．使用 scp 命令将远程主机 192.168.4.1 中的 /etc/shadow 文件复制到本机。
3．正确配置 TCP Wrappers 策略，仅允许从 192.168.4.0/24 网段访问 vsftpd 服务。
4．用课工场 APP 扫一扫，完成在线测试，快来挑战吧！

第4章

部署 YUM 仓库与 NFS 服务

技能目标

- 学会部署 YUM 软件仓库
- 学会使用 yum 工具管理软件包
- 学会使用 NFS 发布共享资源
- 学会在客户机中访问 NFS 共享资源

本章导读

通过源代码编译的方式安装程序在灵活性、可定制性方面具有无可比拟的优势，但也正因为这种例外特性给管理员带来了额外的维护开销，当需要在大规模的服务器群应用时存在一定的局限性。另外，Samba 共享服务虽然可以提供文件，但是 Samba 主要是为了和 Windows 共享，单从效率上来说 NFS 效率更高。

本章将学习在 CentOS 7 系统中构建并使用软件仓库，实现基于网络的软件包安装、更新、卸载的规范化管理，以及在局域网内部署 NFS 共享服务器的方法。

知识服务

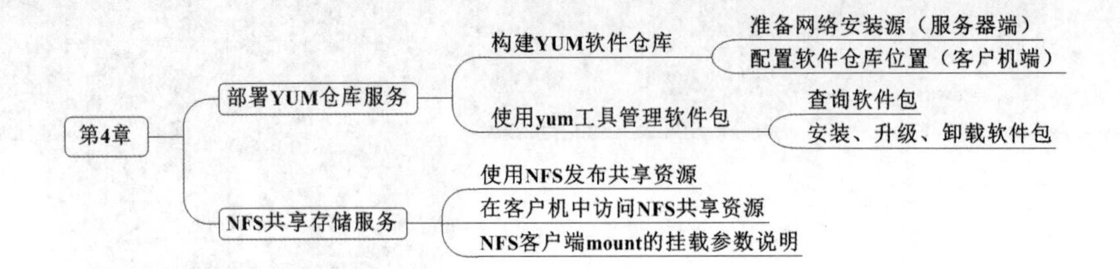

4.1 部署 YUM 仓库服务

4.1.1 构建 YUM 软件仓库

YUM 的前身是 YUP（Yellow dog Updater，Yellow dog Linux 的软件更新器），最初由 TSS 公司（Terra Soft Solutions，INC.）使用 Python 语言开发而成，后来由杜克大学（Duck University）的 Linux 开发队伍进行改进，命名为 YUM（Yellow dog Updater Modified）。

借助于 YUM 软件仓库，可以完成安装、卸载、自动升级 rpm 软件包等任务，能够自动查找并解决 rpm 包之间的依赖关系，而无须管理员逐个、手工地去安装每一个 rpm 包，使管理员在维护大量 Linux 服务器时更加轻松自如。特别是在拥有大量 Linux 主机的本地网络中，构建一台源服务器可以大大缓解软件安装、升级等对 Internet 的依赖。

1. 准备网络安装源（服务器端）

要成功使用 YUM 机制来更新系统和软件，需要有一个包含各种 rpm 安装包文件的软件仓库（Repository），提供软件仓库的服务器也称为“源”服务器。在客户机中只要正确指定软件仓库的地址等信息，就可以通过对应的“源”服务器来安装或更新软件了。

YUM 软件仓库通常借助于 HTTP 或 FTP 协议来进行发布，这样可以面向网络中的所有客户机提供软件源服务。为了便于客户机查询软件包，获取依赖关系等信息，在软件仓库中需要提供仓库数据（repodata），其中收集了目录下所有 rpm 包的头部信息。

（1）准备软件仓库目录

在 CentOS 7 系统的安装光盘中，已针对软件目录 Packages 建立好 repodata 数据，因此只要简单地将整个光盘中的内容通过 HTTP 或 FTP 进行发布，就可以作为软件仓库了。例如，可以创建 /var/ftp/CentOS7 目录，并确保有足够的可用空间（本例中建议大于 5GB），然后将 CentOS 7 光盘中的所有数据复制到该目录下。

```
[root@kgc ~]# mkdir /var/ftp/CentOS7
[root@kgc ~]# cp -rf /media/cdrom/* /var/ftp/CentOS7
```

对于用户搜集的非 CentOS 7 光盘自带的更多其他软件包（必须包括存在依赖关系的所有安装文件），除了应准备相应的目录之外，还需要手动创建 repodata 数据文件，这就要用到 createrepo 工具（需要从 CentOS 7 光盘中安装）。例如，若已将需作为源发布的其他 rpm 安装包文件存放到 /var/ftp/other 目录下，可执行以下操作为其创建 repodata 数据。

```
[root@kgc ~]# cd /var/ftp/other
[root@kgc other]# createrepo -g /media/cdrom/repodata/repomd.xml ./
                                    // 以现有的 repodata 目录为样板
```

（2）安装并启用 vsftpd 服务

```
[root@kgc ~]# rpm -ivh /media/cdrom/Packages/vsftpd-3.0.2-10.el7.x86_64.rpm
[root@kgc ~]# chkconfig vsftpd on
[root@kgc ~]# service vsftpd start
```

访问 ftp://192.168.4.254/CentOS7/，确保可以查看已复制到软件仓库目录 /var/ftp/CentOS 7 下的光盘数据；访问 ftp://192.168.4.254/other/，可以查看非 CentOS 7 光盘自带的其他软件包。

```
[root@kgc ~]# ftp 192.168.4.254
…… // 省略登录信息
ftp> cd CentOS7
250 Directory successfully changed.
ftp> ls
…… // 省略部分信息
226 Directory send OK.
```

2. 配置软件仓库位置（客户机端）

在客户机上需要指定至少一个可用的软件仓库，然后才能使用下一节将要介绍的 yum 工具来下载、安装软件包。yum 工具使用的软件仓库信息存放在 /etc/yum.repos.d 目录下扩展名为“.repo”的文件中。以上一小节的网络安装源为例，典型的仓库配置如下所示。

```
[root@kgc ~]# vi /etc/yum.repos.d/CentOS7.repo
[base]                                                  // 仓库类别
name=Red Hat Enterprise Linux                           // 仓库名称（说明）
baseurl=ftp://192.168.4.254/CentOS7                     //URL 访问路径
enabled=1                                               // 启用此软件仓库
gpgcheck=1                                              // 验证软件包的签名
gpgkey=file:///etc/pki/rpm-gpg/RPM-GPG-KEY-redhat-release   //GPG 公钥文件的位置
[other]
name=Other RPM Packages
```

```
baseurl=ftp://192.168.4.254/other
enabled=1
gpgcheck=0                                          //不验证软件包的签名
```

上述操作中，CentOS7.repo 需要手动创建，/etc/yum.repos.d 目录下若有其他未用的“*.repo”文件建议将其删除。配置“enabled=1”为默认项，可以省略；“gpgcheck”和“gpgkey”两行配置用来检查软件包是否为 Red Hat 发布，若无此要求则可以省略，这是我们自己创建的内网的 YUM 源。在 CentOS 系统安装后，系统的 /etc/yum.repos.d 目录下会存在 centos 系统默认给我们提供的公网 YUM 源配置文件，该配置文件中的“baseurl”选项所指定的 URL 是公网的 URL 访问路径。

作为临时解决办法之一，实际上也可以使用本地文件夹作为软件仓库。例如，将 CentOS 7 光盘挂载到 /media/cdrom 目录下以后，可以参考以下操作来进行配置。当然，这种方式仅限于在本机使用。

```
[root@kgc ~]# vi /etc/yum.repos.d/local.repo
[local]
name=Red Hat Enterprise Linux
baseurl=file:///media/cdrom
enabled=1
gpgcheck=0
```


到这里 YUM 软件仓库的配置工作就算完成了，下一节将介绍 yum 命令的使用，通过集中提供的软件仓库来管理客户机中的软件安装。

4.1.2 使用 yum 工具管理软件包

在 CentOS 7 服务器中，yum 工具是最常用的 YUM 客户端工具，由默认安装的 yum-3.2.29- 40.el6.noarch 软件包提供。下面分别介绍如何使用 yum 工具来查询、安装、升级及卸载软件包。

1. 查询软件包

yum 工具的常见查询操作包括查询软件包列表、查询软件包的描述信息、查询指定的软件包，分别可结合子命令 list、info、search 来实现。

（1）yum list——查询软件包列表

直接执行“yum list”命令可以获得系统中的软件安装情况，也可以查询软件仓库中可用的软件包列表，其中子命令 list 表示列表查看。

```
[root@kgc ~]# yum list
Loaded plugins: product-id, refresh-packagekit, security, subscription- manager
Installed Packages                    //已安装的软件包列表
linuxconsoletools.x86_64      1.4.5-3.el7       @anaconda
setools-console.x86_64        3.3.7-46.el7      @anaconda
……                                    //省略部分信息
Available Packages                    //可用（未安装）的软件包列表
```

```
389-ds-base.x86_64       1.3.4.0-19.el7       base
389-ds-base-libs.i686    1.3.4.0-19.el7       base
……                                   // 省略部分信息
```

若执行“yum list installed”命令则表示只列出系统中已安装的软件包，执行“yum list available”命令则表示只列出软件仓库中可用（尚未安装）的软件包；执行“yum list updates”命令则表示只列出可以升级版本的软件包。

（2）yum info——查询软件包的描述信息

当需要查看某个软件包的描述信息时，可以执行“yum info 软件包名”，其中子命令 info 表示获取信息。例如，执行以下操作可以查看软件包 httpd 的信息。

```
[root@kgc ~]# yum info httpd
……            // 省略部分信息
Loaded plugins: fastestmirror, langpacks
Loading mirror speeds from cached hostfile
Available Packages
Name        : httpd
Arch        : x86_64
Version     : 2.4.6
Release     : 40.el7.centos
Size        : 2.7 M
Repo        : 123
Summary     : Apache HTTP Server
URL         : http://httpd.apache.org/
License     : ASL 2.0
Description : The Apache HTTP Server is a powerful, efficient, and extensible
            : web server.
```

（3）yum search——查询指定的软件包

当需要根据某个关键词来查找相关的软件包时，可以执行“yum search 关键词”，默认仅根据软件包名称和描述信息进行搜索；若执行“yum search all 关键词”，可以扩大搜索范围。例如，执行以下操作将搜索软件仓库并列出与“httpd”相关的软件包。

```
[root@kgc ~]# yum search all httpd
Loaded plugins: fastestmirror, langpacks
Loading mirror speeds from cached hostfile
================================ Matched: httpd ================================
httpd-devel.x86_64 : Development interfaces for the Apache HTTP server
httpd-manual.noarch : Documentation for the Apache HTTP server
httpd-tools.x86_64 : Tools for use with the Apache HTTP Server
libmicrohttpd.x86_64 : Lightweight library for embedding a webserver in
                    : applications
httpd.x86_64 : Apache HTTP Server
mod_dav_svn.x86_64 : Apache httpd module for Subversion server
mod_fcgid.x86_64 : FastCGI interface module for Apache 2
mod_ssl.x86_64 : SSL/TLS module for the Apache HTTP Server
```

2. 安装、升级、卸载软件包

使用 yum 工具安装、升级软件包，分别通过子命令 install、update 来完成，操作对象为指定的软件包名（可以有多个）。执行操作时会自动检查并解决软件包之间的依赖关系，期间会提示用户按 y 键确认安装或升级操作，若希望自动确认，可以在 yum 命令后添加“-y”选项。例如，执行以下操作将从软件仓库下载并安装 net-snmp 软件包，自动解决其依赖关系。

```
[root@kgc ~]# yum -y install net-snmp
……          // 省略部分信息
Dependencies Resolved

================================================================================
 Package              Arch        Version          Repository   Size
================================================================================
Installing:
 net-snmp             x86_64      1:5.7.2-24.el7     123         321 k
Installing for dependencies:
 net-snmp-agent-libs  x86_64      1:5.7.2-24.el7     123         702 k

Transaction Summary
================================================================================
Install  1 Package (+1 Dependent package)

Total download size: 1.0 M
Installed size: 2.9 M
Downloading packages:
--------------------------------------------------------------------------------
Total                             11 MB/s | 1.0 MB

……          // 省略部分信息

Installed:
  net-snmp.x86_64 1:5.7.2-24.el7

Dependency Installed:
  net-snmp-agent-libs.x86_64 1:5.7.2-24.el7

Complete!
```

使用 yum 工具卸载软件包时，通过子命令 remove 来完成，卸载操作通过软件仓库也可以完成。例如，执行以下操作将卸载 autofs 软件包，并自动解决其依赖关系。

```
[root@kgc ~]# yum -y remove autofs
……          // 省略部分信息
Running transaction
  Erasing    : ipa-client-4.2.0-15.el7.centos.x86_64           1/2
  Erasing    : 1:autofs-5.0.7-54.el7.x86_64                    2/2
```

```
  Verifying  : 1:autofs-5.0.7-54.el7.x86_64                    1/2
  Verifying  : ipa-client-4.2.0-15.el7.centos.x86_64            2/2

Removed:
  autofs.x86_64 1:5.0.7-54.el7

Dependency Removed:
  ipa-client.x86_64 0:4.2.0-15.el7.centos

Complete!
```

4.2 NFS 共享存储服务

NFS 是一种基于 TCP/IP 传输的网络文件系统协议，最初由 sun 公司开发。通过使用 NFS 协议，NFS 客户机可以像访问本地目录一样访问远程 NFS 服务器中的共享资源。对于大多数负载均衡群集来说，使用 NFS 协议来共享数据存储是比较常见的做法，NFS 也是 NAS 存储设备必然支持的一种协议。但是，NFS 没有用户认证机制，而且数据在网络上明文传输，所以安全性很差，一般只能在局域网中使用。

下面将学习 NFS 共享服务的基本配置和访问方法。

4.2.1 使用 NFS 发布共享资源

1. NFS 应用场景

在企业集群架构的工作场景中，特别是中小型网站公司，NFS 网络文件系统一般被用来存储共享视频、图片等静态资源文件，例如把网站用户上传的文件放到 NFS 共享里，通过网络共享目录，让网络上的其他服务器能够挂载访问共享目录内的数据。

NFS 服务的实现依赖于 RPC（Remote Process Call，远端过程调用）机制，RPC 充当 NFS 客户端和 NFS 服务器的中介，以完成远程到本地的映射过程。在 CentOS 6 系统中，需要安装 nfs-utils、rpcbind 软件包来提供 NFS 共享服务，前者用于 NFS 共享发布和访问，后者用于 RPC 支持。

2. 安装 nfs-utils、rpcbind 软件包

提供 RPC 支持的服务为 rpcbind，提供 NFS 共享的服务为 nfs，完成安装以后建议调整这两个服务的自启动状态，以便每次开机后自动启用。手动加载 NFS 共享服务时，应该先启动 rpcbind，然后再启动 nfs。

```
[root@localhost ~]# yum -y install nfs-utils rpcbind
[root@localhost ~]# chkconfig nfs on
[root@localhost ~]# chkconfig rpcbind on
```

3. 设置共享目录

NFS 的配置文件为 /etc/exports，文件内容默认为空（无任何共享）。在 exports 文件中设置共享资源时，记录格式为“目录位置 客户机地址 (权限选项)”。例如，若要将文件夹 /opt/wwwroot 共享给 172.16.16.0/24 网段使用，允许读写操作，配置如下。

```
[root@localhost ~]# mkdir -p /opt/wwwroot
[root@localhost ~]# vi /etc/exports
/opt/wwwroot    172.16.16.0/24(rw,sync,no_root_squash)
```

其中客户机地址可以是主机名、IP 地址、网段地址，允许使用“*”“?”通配符；权限选项中的 rw 表示允许读写（ro 为只读），sync 表示同步写入，no_root_squash 表示当客户机以 root 身份访问时赋予本地 root 权限（默认是 root_squash，将作为 nfsnobody 用户降权对待）。

当需要将同一个目录共享给不同的客户机，且分配不同的权限时，只要以空格分隔指定多个“客户机（权限选项）”即可。例如，以下操作将 /var/ftp/public 目录共享给两个客户机，并分别给予只读、读写权限。

```
[root@localhost ~]# vi /etc/exports
/var/ftp/pub    192.168.4.11(ro) 192.168.4.110(rw)
```

4. 启动 NFS 服务程序

```
[root@localhost ~]# service rpcbind start
[root@localhost ~]# service nfs start
[root@localhost ~]# netstat -anpt | grep rpcbind
tcp    0    0 0.0.0.0:111        0.0.0.0:*        LISTEN    3430/rpcbind
tcp    0    0 :::111             :::*             LISTEN    3430/rpcbind
```

5. 查看本机发布的 NFS 共享目录

```
[root@localhost ~]# showmount -e
Export list for localhost.localdomain:
/var/ftp/pub 192.168.4.110,192.168.4.11
/opt/wwwroot 172.16.16.0/24
```

4.2.2 在客户机中访问 NFS 共享资源

NFS 协议的目标是提供一种网络文件系统，因此对 NFS 共享的访问也使用 mount 命令来进行挂载，对应的文件系统类型为 nfs。既可以手动挂载，也可以加入 fstab 配置文件来实现开机自动挂载。

1. 安装 rpcbind 软件包，并启动 rpcbind 服务

若要正常访问 NFS 共享资源，客户机中也需要安装 rpcbind 软件包，并启动 rpcbind 系统服务；另外，为了使用 showmount 查询工具，建议将 nfs-utils 软件包也一并装上。

```
[root@localhost ~]# yum -y install rpcbind nfs-utils
[root@localhost ~]# chkconfig rpcbind on
[root@localhost ~]# service rpcbind start
```

如果已经安装了 nfs-utils 软件包，则客户机也可以使用 showmount 查看 NFS 服务器端共享了哪些目录，查询格式为“showmount -e 服务器地址”。

```
[root@localhost ~]# showmount -e 172.16.16.172
Export list for 172.16.16.172:
/var/ftp/pub 192.168.4.11
/opt/wwwroot 172.16.16.0/24
```

2. 手动挂载 NFS 共享目录

以 root 用户身份执行 mount 操作，将 NFS 服务器共享的 /opt/wwwroot 目录挂载到本地目录 /var/www/html。与挂载本地文件系统不同的是，设备位置处应指出服务器地址。

```
[root@localhost ~]# mount 172.16.16.172:/opt/wwwroot /var/www/html
[root@localhost ~]# tail -1 /etc/mtab                    // 确认挂载结果
172.16.16.172:/opt/wwwroot /var/www/html nfs rw,vers=4,addr=172.16.16.172,
    clientaddr=172.16.16.177 0 0
[root@localhost ~]# vi /var/www/html/index.html          // 创建测试文件
Real Web Server Document
```

完成挂载以后，访问客户机的 /var/www/html 文件夹，实际上就相当于访问 NFS 服务器中的 /opt/wwwroot 文件夹，其中的网络映射过程对于用户程序来说是透明的。例如，上述操作中创建的 index.html 测试文件，会立刻出现在服务器的 /opt/wwwroot/ 目录下。

3. fstab 自动挂载设置

修改 /etc/fstab 配置文件，加入 NFS 共享目录的挂载设置。注意将文件系统类型设为 nfs，挂载参数建议添加 _netdev（设备需要网络）；若添加 soft、intr 参数可以实现软挂载，允许在网络中断时放弃挂载。这样客户机就可以在每次开机后自动挂载 NFS 共享资源了。

```
[root@localhost ~]# vi /etc/fstab
……            // 省略部分信息
172.16.16.172:/opt/wwwroot /var/www/html nfs  defaults,_netdev 0 0
```

4. 强制卸载 NFS

NFS 客户端与服务器端的耦合度是非常高的，如果客户端正在挂载使用，服务器端 NFS 服务突然间停掉了，那么在客户端就会出现执行 df -h 命令卡死的现象。这个时候使用 umount 命令是无法直接卸载的，需要加上 -lf 才能卸载。

当出现卡死现象时，要重新开一个终端，执行 cat /etc/rc.local 命令，查看挂载点。

然后使用 umount 命令卸载，其中 -l 表示解除正在繁忙的文件系统，-f 表示强制。

```
[root@localhost ~]# umount /mnt
umount. nfs: /mnt : device is busy
[root@localhost ~]# umount  -lf  /mnt
[root@localhost ~]#
```

5. NFS 常见故障解决思路

当 NFS 共享无法挂载使用时，首先要检查配置文件的正确性，查看是否允许该网段的访问。然后将服务端的 NFS 服务和 rpcbind 服务都要开启，同时客户端也要开启 rpcbind 服务，这是能够成功挂载使用 NFS 共享存储的大前提。

在两边服务都开启的情况下，如果客户端挂载共享存储出现长时间挂载等待的情况，此时要 ping 服务器的地址，检测客户端到服务器端的网络是否正常。

如果客户端到服务器端的网络是没有问题的，但是还是无法 mount 挂载使用，可以使用 telnet 命令加服务器端的地址和端口号，远程连接服务器。当出现“connected to .....”的字样时，表示已经连接上了。这就表示客户端与服务器端是通的。

客户端无法正常访问服务器端，也有可能是 iptables 导致的，使用 telnet 命令连接服务器时会显示“no route to host”的字样，这就表示是防火墙的问题。在服务器端本地 telnet 自己，如果正常就表示服务器端是没有问题的。

当然也可以使用 showmount -e 命令检查，或者是在服务端 mount 挂载自己本地共享的目录看能否挂载成功。

4.2.3 NFS 客户端 mount 的挂载参数说明

在 Linux 系统中，可以使用 mount 命令挂载光盘镜像文件、移动硬盘、U 盘以及 Windows 网络共享和 UNIX NFS 网络共享等。

1. mount -o 命令后面常用参数

下面是 mount 命令 -o 选项后面经常使用的参数：

- noatime：不更新文件系统上的 inode 访问时间，高并发环境下应该使用该选项，可以提高 I/O 性能。
- nodiratime： 不更新文件系统上的 directory inode 访问时间，高并发环境下推荐使用该选项，可以提高系统 I/O 性能。
- noexec：不允许执行程序，但是 shell、PHP 程序还是可以执行的。
- nosuid：不允许设置 uid。
- remount：尝试重新挂载一个已经挂载了的文件系统，这通常被用来改变文件系统的挂载标志，从而使得一个只读文件系统变得可写，这个动作不会改变设备或者挂载点。例如：当系统故障进入 single 或 rescue 模式修复系统时，会发现根文件系统经常会变成只读文件系统，不允许修改，这时候该命令就派上用场了。具体命令为：mount -o remount,rw，将根文件系统重新挂载使得其可写。single 或 rescue 模式修复系统时这个命令非常重要。

- ro：挂载一个只读文件系统。
- rw：挂载一个可写的文件系统。
- sync：有 I/O 操作时，会同步处理 I/O，把数据同步写入硬盘。使用此参数会影响 I/O 性能，但是可以保证数据的安全性。

2. mount 挂载及 fstab 文件的参数表格

另外还有一些 nfs 挂载的额外参数可用。如果 nfs 是用在高速运行的环境中，建议加上如表 4-1 所示的这些参数。

表 4-1　常见优化参数

参数	参数功能	默认参数
fg、bg	当客户端执行挂载时，可选择是在前台（fg）还是在后台（bg）执行。若在前台执行，则 mount 会持续尝试挂载，直到成功或挂载时间超时为止，若在后台执行，则 mount 会在后台持续多次进行 mount，而不影响到前台的其他程序操作。如果网络联机不稳定，或是服务器常常需要开关机，建议使用 bg	fg
soft、hard	如果是 hard 参数情况，则当服务器端主机离线，rpc 会持续呼叫，直到对方回复联机为止，如果是 soft 的话，那 rpc 会在超时后重复呼叫，而非持续呼叫，因此系统的延迟会不那么明显，同样，如果服务器常常需要开关机，建议使用 soft	hard
intr	当使用 hard 方式挂载时，若加上 intr 参数，则 rpc 持续呼叫时，呼叫可以被中断	无
rsize、wsize	读取（rsize）与写入（wsize）的区块大小（block size），这个设置值可以影响客户端与服务器端传输数据的缓冲存储量，一般来说，如果在局域网，并且客户端与服务器端都有足够的内存，这个值可以设置大一点，比如说 32768（bytes），提升 nfs 文件系统的传输能力。但设置的值也不要太大，最好是以实现网络能够传输的最大值为限	CentOS 6 默认： rsize=131072 wsize=131072

3. 查看客户端挂载的参数

在 Linux 下使用“grep mnt /proc/mounts”命令可以查看客户端挂载的参数。

```
[root@localhost ~]# grep mnt /proc/mounts
10.10.10.3：/data/ /mnt  nfs4 rw,relatime,vers=4,rsize=131072,wsize=131072,
namlen=255,hard,proto=tcp,port=0,timeo=600,retrans=2,sec=sys,clientaddr=10.10.10.12,
    minorversion=0,local_lock=none,addr=10.10.10.3 0 0
```

挂载的最重要的参数是 rsize、wsize，还有一些小的参数如 noatime、nodiratime，在读写文件时不更改文件系统的时间戳，这样效率就会更高。安全方面的优化是采用的 nosuid 和 noexec 参数。因此最佳的挂载方案是：

```
mount -t nfs -o nosuid,noexec,noatime,nodiratime,rsize=131072,wsize=131072 10.0.0.3:/data/ /mnt
```

本章总结

- YUM 软件仓库主要通过 HTTP 或 FTP 方式进行发布，且需要提供 repodata 数据，其中包含所有 rpm 包文件的头信息。
- 使用 yum 命令查询软件包时，可用的子命令包括 list、info、search，分别用于查询软件包列表、查询软件包的描述信息、查询指定的软件包。
- 使用 yum 命令安装、升级、卸载软件包时，对应的子命令分别为 install、update、remove。
- NFS 服务的实现依赖于 RPC 机制，RPC 充当 NFS 客户端和 NFS 服务器的中介。在 CentOS 6 系统中，需要安装 nfs-utils、rpcbind 软件包来提供 NFS 共享服务，前者用于 NFS 共享发布和访问，后者用于 RPC 支持。
- 对 NFS 共享的访问使用 mount 命令来进行挂载，对应的文件系统类型为 nfs。既可以手动挂载，也可以加入 fstab 配置文件来实现开机自动挂载。

本章作业

1．将 CentOS 7 的 ISO 镜像文件挂载到 /media/loop 目录下，并配置为本机的 YUM 仓库。

2．查看 /var/cache/yum 目录下的数据，然后执行“yum clean all”命令，再次查看目录 /var/cache /yum，观察前后变化。

3．构建 NFS 共享服务，将本机的 /home/ 目录发布给其他主机使用。

4．用课工场 APP 扫一扫，完成在线测试，快来挑战吧！

第5章

PXE 高效批量网络装机

技能目标

- 学会使用 PXE 远程装机
- 实现无人值守自动装机

本章导读

大规模的 Linux 应用环境中，如 Web 群集、分布式计算等，服务器往往并不配备光驱设备，在这种情况下，如何为数十乃至上百台服务器裸机快速安装系统呢？传统的 USB 光驱、移动硬盘等安装方法显然已经力所难及。

本章将学习基于 PXE（Pre-boot Execution Environment，预启动执行环境）技术的网络装机方法，并结合 Kickstart 配置实现无人值守自动安装。

知识服务

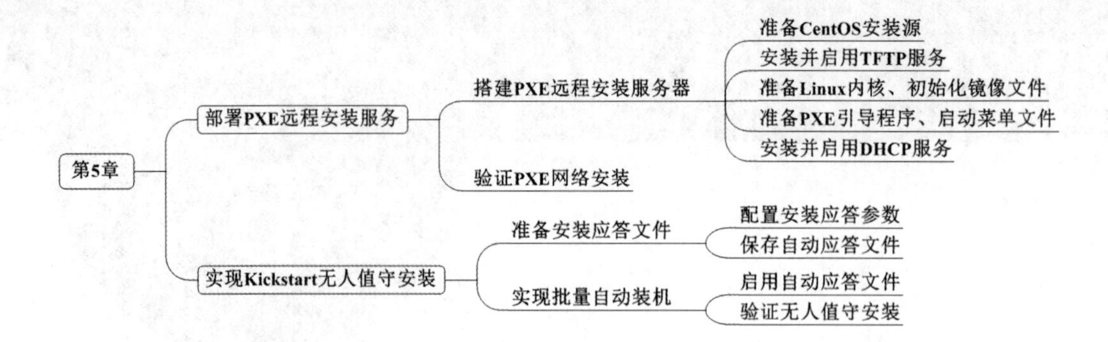

5.1 部署 PXE 远程安装服务

PXE 是由 Intel 公司开发的网络引导技术，工作在 Client/Server 模式，允许客户机通过网络从远程服务器下载引导镜像，并加载安装文件或者整个操作系统。若要搭建 PXE 网络体系，必须满足以下几个前提条件。

- 客户机的网卡支持 PXE 协议（集成 BOOTROM 芯片），且主板支持网络引导。
- 网络中有一台 DHCP 服务器以便为客户机自动分配地址、指定引导文件位置。
- 服务器通过 TFTP（Trivial File Transfer Protocol，简单文件传输协议）提供引导镜像文件的下载。

其中，第一个条件实际上是硬件要求，目前绝大多数服务器和大多数 PC 都能够提供此支持，只需在 BIOS 设置中允许从 Network 或 LAN 启动即可。下面将介绍 PXE 远程安装服务的基本部署过程。

5.1.1 搭建 PXE 远程安装服务器

本例的 PXE 远程安装服务器集成了 CentOS 6.5 安装源、TFTP 服务、DHCP 服务，能够向客户机裸机发送 PXE 引导程序、Linux 内核、启动菜单等数据，以及提供安装文件。

1. 准备 CentOS 安装源

CentOS 6 的网络安装源一般通过 HTTP、FTP 协议发布，另外也支持 NFS（Network File System，网络文件系统）协议。

例如，若采用 FTP 协议发布安装源，可以在服务器上部署一个 YUM 软件仓库。

```
[root@localhost ~]# mkdir /var/ftp/CentOS6
[root@localhost ~]# cp -rf /media/cdrom/* /var/ftp/CentOS6/
[root@localhost ~]# service vsftpd start
```

2. 安装并启用 TFTP 服务

TFTP 服务由 tftp-server 软件包提供，默认由 xinetd 超级服务进行管理，因此配置

文件位于 /etc/xinetd.d/tftp。配置时只要将“disable = yes”改为“disable =no”，然后启动 xinetd 服务即可。

```
[root@localhost ~]# yum -y install tftp-server
[root@localhost ~]# vi /etc/xinetd.d/tftp
service tftp
{
    ……                                      // 省略部分信息
    protocol        = udp                   //TFTP 采用 UDP 传输协议
    server          = /usr/sbin/in.tftpd
    server_args     = -s /var/lib/tftpboot  // 指定 TFTP 根目录
    disable         = no
    ……                                      // 省略部分信息
}
[root@localhost ~]# service xinetd start
```

3．准备 Linux 内核、初始化镜像文件

用于 PXE 网络安装的 Linux 内核、初始化镜像文件可以从 CentOS 6 系统光盘获得，分别为 vmlinuz 和 initrd.img，位于文件夹 images/pxeboot 下。找到这两个文件并将其复制到 tftp 服务的根目录下。

```
[root@localhost ~]# cd /media/cdrom/images/pxeboot
[root@localhost pxeboot]# cp vmlinuz initrd.img /var/lib/tftpboot
```

4．准备 PXE 引导程序、启动菜单文件

用于 PXE 网络安装的引导程序为 pxelinux.0，由软件包 syslinux 提供。安装好软件包 syslinux，然后将文件 pxelinux.0 也复制到 tftp 服务的根目录下。

```
[root@localhost ~]# yum -y install syslinux
[root@localhost ~]# cp /usr/share/syslinux/pxelinux.0 /var/lib/tftpboot
```

启动菜单用来指导客户机的引导过程，包括如何调用内核，如何加载初始化镜像。默认的启动菜单文件为 default，应放置在 tftp 根目录的 pxelinux.cfg 子目录下，典型的启动菜单配置可参考以下操作手动建立。

```
[root@localhost ~]# mkdir /var/lib/tftpboot/pxelinux.cfg
[root@localhost ~]# vi /var/lib/tftpboot/pxelinux.cfg/default
default auto                    // 指定默认入口名称
prompt 1                        //1 表示等待用户控制
label auto
  kernel vmlinuz
  append initrd=initrd.img devfs=nomount ramdisk_size=8192
label linux text
  kernel vmlinuz
  append text initrd=initrd.img devfs=nomount ramdisk_size=8192
label linux rescue
```

```
    kernel vmlinuz
    append rescue initrd=initrd.img devfs=nomount ramdisk_size=8192
```

上述配置记录中定义了三个引导入口，分别为图形安装（默认）、文本安装、救援模式。其中，prompt 用来设置是否等待用户选择；label 用来定义并分隔启动项；kernel 和 append 用来定义引导参数。引导入口的个数及内容根据需要自行定义。例如，实现无人值守安装时只需要一个入口就够了。

5. 安装并启用 DHCP 服务

由于 PXE 客户机通常是尚未装系统的裸机，因此为了与服务器取得联系并正确下载相关引导文件，需要预先配置好 DHCP 服务来自动分配地址并告知引导文件位置。若 PXE 服务器的 IP 地址为 192.168.4.254，DHCP 地址池为 192.168.4.100 ～ 192.168.4.200，则可以参考以下操作来搭建 DHCP 服务器。

```
[root@localhost ~]# yum -y install dhcp
[root@localhost ~]# vi /etc/dhcp/dhcpd.conf
……                                                          // 省略部分信息
subnet 192.168.4.0 netmask 255.255.255.0 {
    option routers 192.168.4.254;
    option subnet-mask 255.255.255.0;
    option domain-name "kgc.com";
    option domain-name-servers 192.168.4.254,202.106.0.20;
    default-lease-time 21600;
    max-lease-time 43200;
    range 192.168.4.100 192.168.4.200;
    next-server 192.168.4.254;                              // 指定 TFTP 服务器的地址
    filename "pxelinux.0";                                  // 指定 PXE 引导程序的文件名
}
[root@localhost ~]# service dhcpd start
```

从上述过程可以看到，与一般 DHCP 服务不同的是，配置文件中增加了 netx-server 和 filename 这两行记录，分别用来指定 TFTP 服务器的地址和 PXE 引导程序的文件名。

5.1.2 验证 PXE 网络安装

搭建好 PXE 远程安装服务器以后，就可以使用客户机进行安装测试了。对于新购买的服务器或 PC 裸机，一般不需要额外设置；若要为已有系统的主机重装系统，则可能需要修改 BIOS 设置，将“Boot First”设为“NETWORK”或“LAN”，然后重启主机。

如果服务器配置正确，网络连接、PXE 支持等都没有问题，则客户机重启后将自动配置 IP 地址，然后从 TFTP 服务器中获取引导程序 pxelinux.0，并根据引导菜单配置提示用户指定启动入口，如图 5.1 所示。

在提示字串“boot: ”后直接按 Enter 键（或执行“auto”命令），将会进入默认的图形安装入口；若执行“linux text”命令则进入文本安装入口；若执行“linux rescue”命令则进入救援模式。依次选择语言、键盘类型，然后会提示用户指定安装介质，本例中选择“URL”，如图 5.2 所示。

```
Network boot from AMD Am79C970A
Copyright (C) 2003-2005  VMware, Inc.
Copyright (C) 1997-2000  Intel Corporation

CLIENT MAC ADDR: 00 0C 29 98 EA 0B  GUID: 564DC4C1-0C57-2146-B401-2E9EFB98EA0B
CLIENT IP: 192.168.4.100  MASK: 255.255.255.0  DHCP IP: 192.168.4.254
GATEWAY IP: 192.168.4.254

PXELINUX 4.02 2010-07-21  Copyright (C) 1994-2010 H. Peter Anvin et al
!PXE entry point found (we hope) at 9ECC:0106 via plan A
UNDI code segment at 9ECC len 0A0D
UNDI data segment at 9C7F len 24D0
Getting cached packet  01 02 03
My IP address seems to be C0A80464 192.168.4.100
ip=192.168.4.100:192.168.4.254:192.168.4.254:255.255.255.0
BOOTIF=01-00-0c-29-98-ea-0b
SYSUUID=564dc4c1-0c57-2146-b401-2e9efb98ea0b
TFTP prefix:
Trying to load: pxelinux.cfg/default                                  ok
boot: _
```

图 5.1　PXE 网络安装的引导菜单

提示配置 TCP/IP 时，IPv4 设置可接受默认的 DHCP 获取方式，而 IPv6 支持应取消，如图 5.3 所示。接下来在“URL Setup”对话框中指定 CentOS 6 安装源的 URL 路径，如图 5.4 所示。

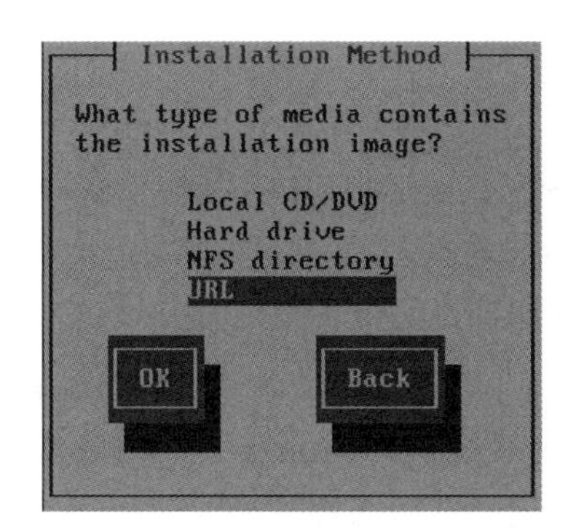

图 5.2　选择安装介质来源

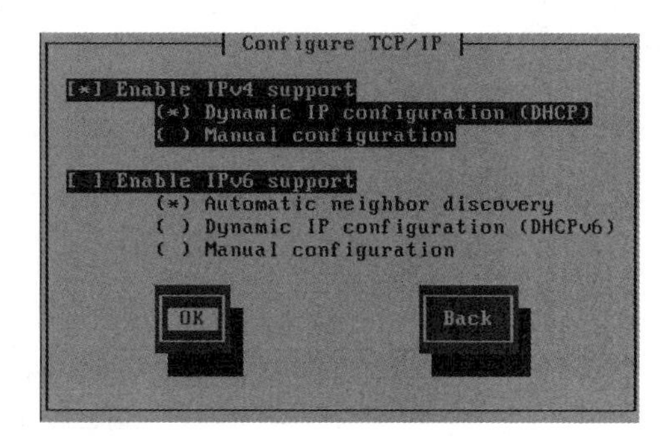

图 5.3　配置 TCP/IP

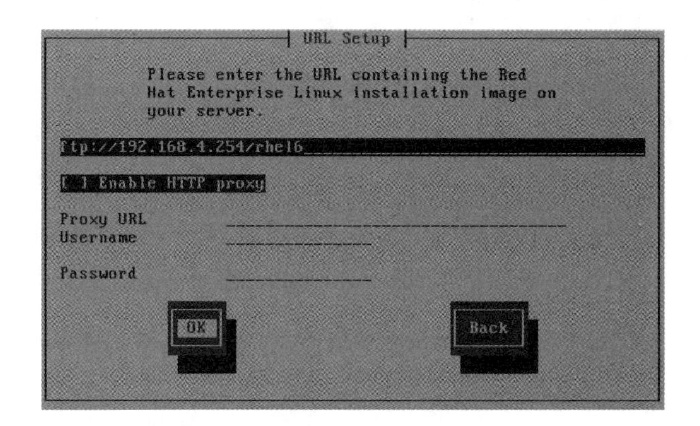

图 5.4　指定安装源的 URL 路径

确认后将自动通过网络下载安装文件，并进入图形安装程序界面，如图 5.5 所示，若能够成功到达这一步，说明 PXE 网络安装基本成功。后续安装步骤与使用光盘的正常安装类似，这里不再叙述。

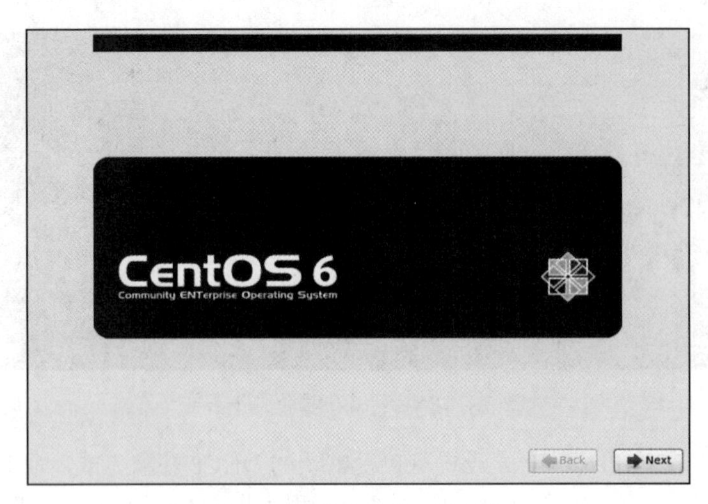

图 5.5 图形化安装配置程序

5.2 实现 Kickstart 无人值守安装

上一节介绍了通过 PXE 技术远程安装 CentOS 6 系统的方法，安装介质不再受限于光盘、移动硬盘等设备，大大提高了系统安装的灵活性。然而，安装期间仍需要手动选择语言、键盘类型、指定安装源等一系列交互操作，当需要批量安装时非常不方便。

本节将进一步学习如何实现无人值守自动安装，通过使用 Kickstart 工具配置安装应答文件，自动完成安装过程中的各种设置，从而无须手动干预，提高网络装机效率，同时也可以在应答文件中通过添加 %post 脚本，完成安装后的各种配置操作。

5.2.1 准备安装应答文件

在 CentOS 6 系统中安装 system-config-kickstart 工具之后，即可通过图形化向导工具来配置安装应答文件。如果用户对自动应答文件的配置比较熟悉，也可以直接编辑 CentOS 6 安装后自动创建的应答文件（/root/anaconda-ks.cfg），根据需要适当修订后使用。

1. 配置安装应答参数

通过桌面菜单“应用程序”→“系统工具”→“Kickstart”即可打开“Kickstart 配置程序”窗口。在“Kickstart 配置程序”窗口中，可以针对基本配置、安装方法、引导装载程序选项、分区信息、网络配置等各种安装设置进行指定，如图 5.6 所示。

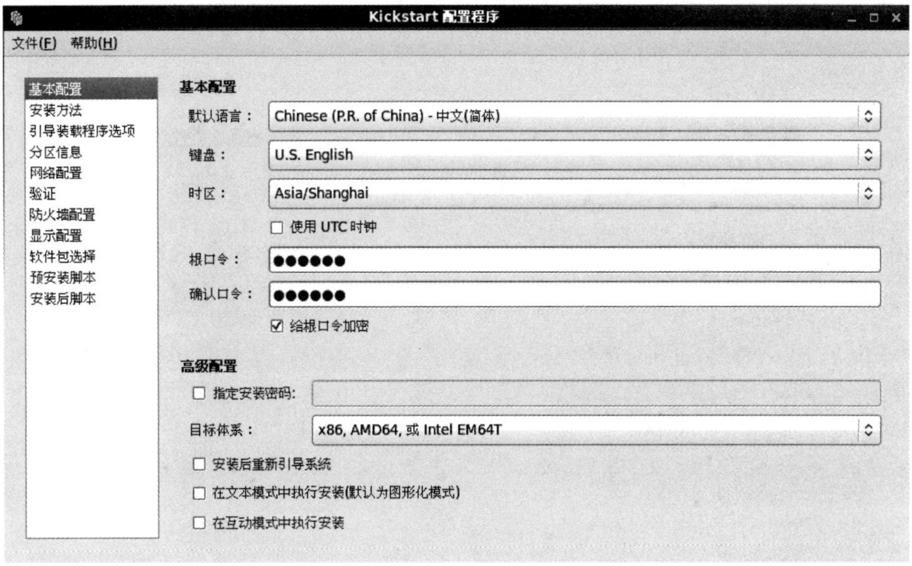

图 5.6　“Kickstart 配置程序”窗口

（1）基本配置及安装方法

“基本配置”可参考图 5.6 来指定。例如，将默认语言设为“中文（简体）”，时区设为“Asia/Shanghai”，根口令设为“redhat”。

在“安装方法”界面中，应正确指定 CentOS 6 的安装方法，如图 5.7 所示。若有用户验证信息也需一并指定。

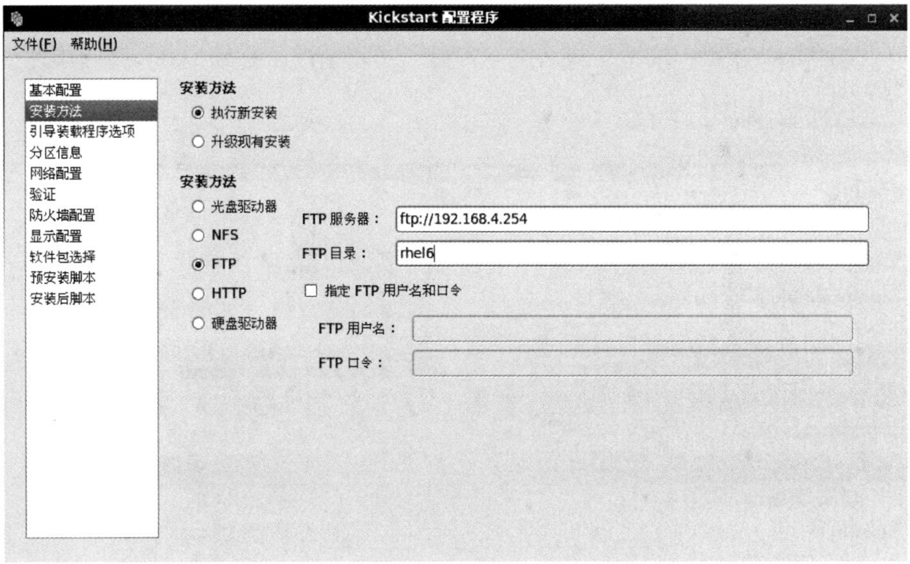

图 5.7　指定 CentOS 6 的安装方法

（2）分区信息

在“分区信息”界面中，需正确规划硬盘分区方案。例如，可划分一个 500MB

的 boot 分区、4GB 的 home 分区、2GB 的 swap 分区，将剩余空间划分给根分区，如图 5.8 所示。

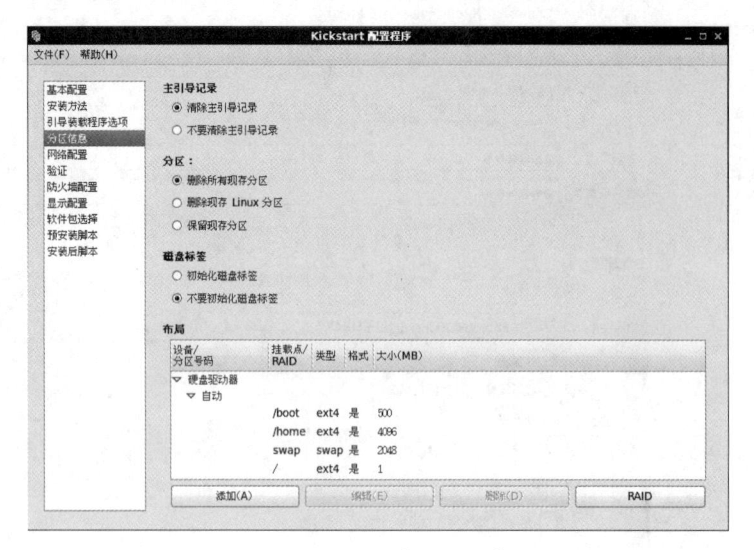

图 5.8　指定硬盘分区方案

（3）网络配置及防火墙配置

在“网络配置”界面中，添加一个网络设备“eth0”，将网络类型设为“DHCP”。

在“防火墙配置”界面中，可以选择禁用 SELinux、禁用防火墙。

（4）软件包选择

在“软件包选择”界面中，根据实际需要选择要安装的软件包分组。例如，可选择“基本”“万维网服务器”“X 窗口系统”“字体”“桌面”“开发工具”及“中文支持”等，如图 5.9 所示。

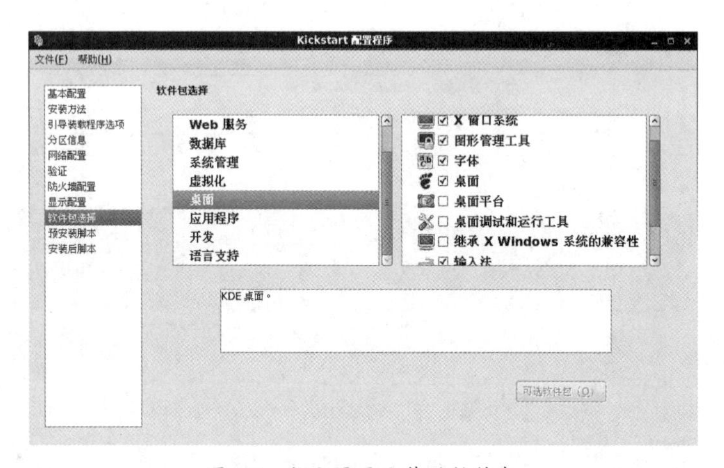

图 5.9　指定需要安装的软件包

（5）安装脚本

在“预安装脚本”“安装后脚本”界面中，可以分别添加在安装前、安装后自动

运行的可执行语句。此项设置使服务器的自动化配置变得更加容易。例如，可以使客户机在完成安装后自动设置 YUM 仓库，如图 5.10 所示。需要注意的是，应确保所编写的代码能够正确执行，以免安装失败。

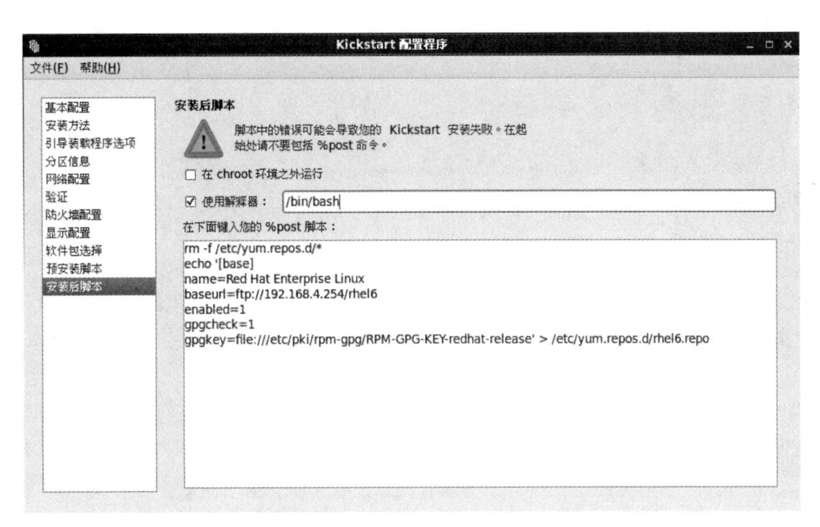

图 5.10 添加安装后的脚本语句

（6）其他信息

若没有特殊需求，在“引导装载程序”选项，“验证”“显示配置”界面中，保持默认设置就可以了。

2. 保存自动应答文件

选择“Kickstart 配置程序”窗口的“文件”→“保存”命令，指定目标文件夹、文件名，将配置好的应答参数保存为文本文件，如 /root/ks.cfg。以后若要修改此应答配置，可以在“Kickstart 配置程序”窗口中打开进行调整，或者直接用 vi 等文本编辑工具进行修改。

```
[root@localhost ~]# grep -v ^# /root/ks.cfg
firewall --disabled
install
url --url="ftp://192.168.4.254/CentOS6"
rootpw --iscrypted $1$8pFSACUN$dYnvka2DtXCRhjOJz0PWe/
auth  --useshadow  --passalgo=sha512
graphical
firstboot --disable
keyboard us
lang zh_CN
selinux --disabled
……              // 省略部分信息
%packages
@base
```

```
@basic-desktop
@chinese-support
@development
@fonts
@graphical-admin-tools
@input-methods
@web-server
@x11
%end
%post --interpreter=/bin/bash
rm -f /etc/yum.repos.d/*
echo '[base]
name=Red Hat Enterprise Linux
baseurl=ftp://192.168.4.254/CentOS6
enabled=1
gpgcheck=1
gpgkey=file:///etc/pki/rpm-gpg/RPM-GPG-KEY-redhat-release' > /etc/yum.repos. d/CentOS6.repo
%end
```

5.2.2 实现批量自动装机

有了自动安装的应答文件之后，只要将其放置在 PXE 安装服务器的 FTP 目录下，并适当修改引导菜单，就可以实现基于网络的批量自动装机了。

1. 启用自动应答文件

在 PXE 远程安装服务器中，将上一节建立的应答文件复制到 /var/ftp/CentOS6 目录下，使客户机能够通过 ftp://192.168.4.254/CentOS6/ks.cfg 访问。然后编辑引导菜单文件 default，添加 ks 引导参数以指定 ks.cfg 应答文件的 URL 路径。

```
[root@localhost ~]# cp /root/ks.cfg /var/ftp/CentOS6/ks.cfg
[root@localhost ~]# vi /var/lib/tftpboot/pxelinux.cfg/default
default auto
prompt 0                    //0 表示不等待用户控制
label auto
 kernel vmlinuz
 append ks=ftp://192.168.4.254/CentOS6/ks.cfg initrd=initrd.img devfs=nomount ramdisk_size=8192
```

2. 验证无人值守安装

启用自动应答安装之后，当客户机每次以 PXE 方式引导时，将自动下载 ks.cfg 应答配置文件，然后根据其中的设置安装 CentOS 6 系统，而无须手工干预，如图 5.11 所示，这样就可以同时为多台客户机安装系统了。

客户机安装完成以后，检查其 YUM 仓库配置，可以发现已经按照“安装后脚本”的设置自动建立了 /etc/yum.repos.d/CentOS6.repo 文件。

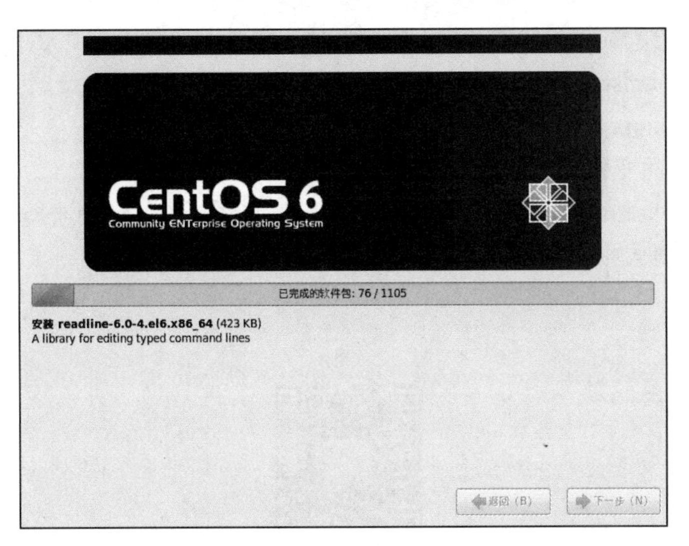

图 5.11　验证无人值守自动安装

```
[root@localhost ~]# cat /etc/yum.repos.d/CentOS6.repo
[base]
name=Red Hat Enterprise Linux
baseurl=ftp://192.168.4.254/CentOS6
enabled=1
gpgcheck=1
gpgkey=file:///etc/pki/rpm-gpg/RPM-GPG-KEY-redhat-release
```

注意

如果是在 VMware 虚拟机环境下，需要禁用 VMware 的 DHCP 功能，否则安装文件将无法加载。

本章总结

- 实现 PXE 远程装机要求网卡支持 PXE 功能，且必须有 Linux 安装源，以及可用的 TFTP、DHCP 服务器。
- 无人值守的应答文件可通过 Kickstart 配置程序来完成，该程序由 system-config-kickstart 软件包提供。

本章作业

1．改用 HTTP 方式发布 CentOS 6 安装源，并验证 PXE 网络装机过程。

2．搭建非自动应答的 PXE 装机服务器时，修改引导菜单文件 default，添加一行记录“display boot.msg”，并在 TFTP 根目录下建立文本文件 boot.msg，包含内容“default - Graphic Mode; linux text -- Text Mode; linux rescue -- Rescue Mode”，然后重新引导客户机并观察界面的变化情况。

3．使用 Kickstart 配置程序创建一份自动应答文件，软件包仅选择“基本”。

4．用课工场 APP 扫一扫，完成在线测试，快来挑战吧！

第6章

Cobbler 自动装机

技能目标

- 理解 Cobbler 架构
- 学会 Cobbler 自动化部署

本章导读

Cobbler 通过将部署系统所涉及的所有服务集中在一起，来提供一个全自动批量快速建立 Linux 系统的网络安装环境。Cobbler 的诞生，将 Linux 网络安装系统的门槛从大专以上文化水平，成功降低到初中以下。本章将学习如何安装 Cobbler 环境、配置 Cobbler 服务以及 Cobbler 的 Web 管理。

知识服务

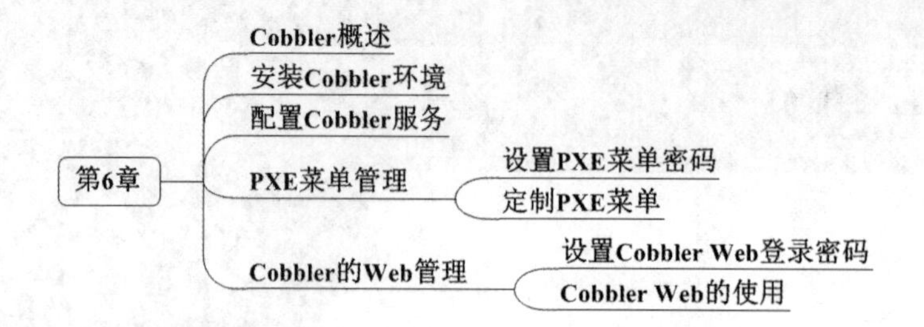

6.1 Cobbler 概述

Cobbler 是一个使用 Python 开发的开源项目，通过将部署系统所涉及的所有服务集中在一起，来提供一个全自动批量快速建立 Linux 系统的网络安装环境，Cobbler 最初支持 Fedora、RedHat 和衍生版（如 CentOS 和 Scientific Linux），现在还支持 Debian、Ubuntu、SuSE 以及 FreeBSD、ESXI 等。Cobbler 的诞生，将 Linux 网络安装系统的门槛从大专以上文化水平，成功降低到初中以下，连补鞋匠（Cobbler 的中文解释）都能学会。Cobbler 架构图如图 6.1 所示。

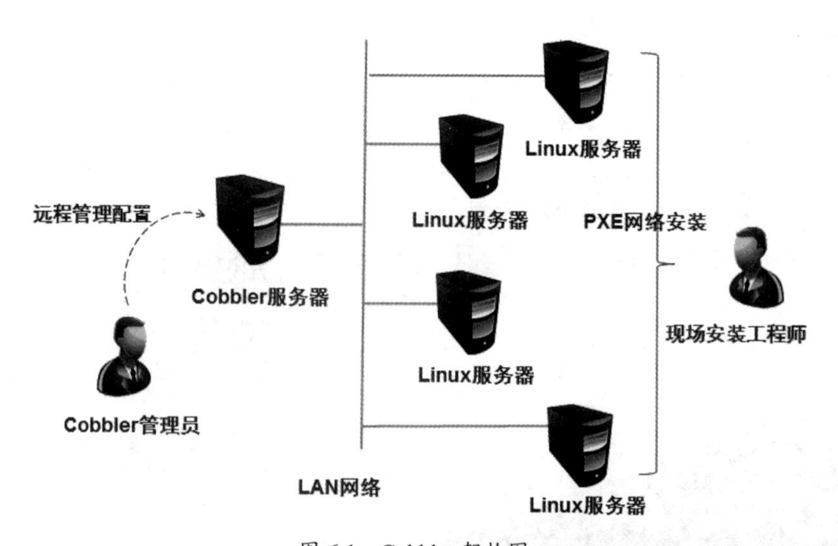

图 6.1 Cobbler 架构图

Cobbler 提供了 DHCP 管理、YUM 源管理、电源管理等功能，除此之外还支持命令行管理、WEB 界面管理，并且提供了 API 接口，方便进行二次开发。本章将依次介绍 Cobbler 的这些配置。

6.2 安装 Cobbler 环境

Cobbler 相关软件包由 EPEL 源提供。EPEL（Extra Packages for Enterprise Linux，

企业版 Linux 的额外软件包）是 Fedora 小组维护的一个软件仓库项目，为 RHEL/CentOS 提供默认不提供的软件包，这个库兼容像 Scientific Linux 这样的衍生版本。安装 Cobbler 除了 EPEL 源还需要 CentOS 自带的网络源以提供相关的依赖包。

1. 导入 epel 源

```
[root@cobbler ~]# rpm –vih \
http://download.fedoraproject.org/pub/epel/6/x86_64/epel-release-6-8.noarch.rpm
[root@cobbler ~]#yum update // 升级所有软件包
```

2. 安装 Cobbler 以及其相关服务软件包

```
[root@cobbler ~]# yum install cobbler debmirror dhcp httpd rsync tftp-server xinetd pykickstart
```

3. 启动相关服务

```
[root@cobbler ~]# /etc/init.d/cobblerd start
Starting cobbler daemon:                          [  OK  ]
[root@cobbler ~]# /etc/init.d/xinetd start
Starting xinetd:
[root@cobbler ~]# chkconfig cobblerd on
[root@cobbler ~]# chkconfig httpd on
[root@cobbler ~]# chkconfig xinetd on
```

4. 检查 Cobbler 配置

使用 cobbler check 对 Cobbler 做检查设置。

```
[root@cobbler ~]# cobbler check
Traceback (most recent call last):
  File "/usr/bin/cobbler", line 36, in <module>
    sys.exit(app.main())
  File "/usr/lib/python2.6/site-packages/cobbler/cli.py", line 657, in main
    rc = cli.run(sys.argv)
  File "/usr/lib/python2.6/site-packages/cobbler/cli.py", line 270, in run
    self.token         = self.remote.login("", self.shared_secret)
  File "/usr/lib64/python2.6/xmlrpclib.py", line 1199, in __call__
    return self.__send(self.__name, args)
  File "/usr/lib64/python2.6/xmlrpclib.py", line 1489, in __request
    verbose=self.__verbose
  File "/usr/lib64/python2.6/xmlrpclib.py", line 1253, in request
    return self._parse_response(h.getfile(), sock)
  File "/usr/lib64/python2.6/xmlrpclib.py", line 1392, in _parse_response
    return u.close()
  File "/usr/lib64/python2.6/xmlrpclib.py", line 838, in close
    raise Fault(**self._stack[0])
xmlrpclib.Fault: <Fault 1: "<class 'cobbler.cexceptions.CX'>:'login failed'">
```

此处需要重新启动 cobblerd 服务，再次检查就会正常。

```
[root@cobbler ~]# /etc/init.d/cobblerd restart
Stopping cobbler daemon:                                   [  OK  ]
Starting cobbler daemon:                                   [  OK  ]
[root@cobbler ~]# cobbler check
The following are potential configuration items that you may want to fix:

1 : The 'server' field in /etc/cobbler/settings must be set to something other than localhost, or
    kickstarting features will not work.  This should be a resolvable hostname or IP for the boot server
    as reachable by all machines that will use it.
2 : For PXE to be functional, the 'next_server' field in /etc/cobbler/settings must be set to something
   other than 127.0.0.1, and should match the IP of the boot server on the PXE network.
3 : change 'disable' to 'no' in /etc/xinetd.d/tftp
4 : some network boot-loaders are missing from /var/lib/cobbler/loaders, you may run 'cobbler get-
   loaders' to download them, or, if you only want to handle x86/x86_64 netbooting, you may ensure
   that you have installed a *recent* version of the syslinux package installed and can ignore this
   message entirely.  Files in this directory, should you want to support all architectures, should include
   pxelinux.0, menu.c32, elilo.efi, and yaboot. The 'cobbler get-loaders' command is the easiest way to
   resolve these requirements.
5 : change 'disable' to 'no' in /etc/xinetd.d/rsync
6 : file /etc/xinetd.d/rsync does not exist
7 : comment out 'dists' on /etc/debmirror.conf for proper debian support
8 : comment out 'arches' on /etc/debmirror.conf for proper debian support
9 : The default password used by the sample templates for newly installed machines (default_
   password_crypted in /etc/cobbler/settings) is still set to 'cobbler' and should be changed, try:
   "openssl passwd -1 -salt 'random-phrase-here' 'your-password-here'" to generate new one
10 : fencing tools were not found, and are required to use the (optional) power management features.
    install cman or fence-agents to use them

Restart cobblerd and then run 'cobbler sync' to apply changes.
```

以上内容的大意是：

（1）编辑 /etc/cobbler/settings 文件，找到 server 选项，修改为提供服务的 IP 地址即本机 IP 地址，注意不能是 127.0.0.1。

（2）编辑 /etc/cobbler/settings 文件，找到 net_server 选项，修改为本地的 IP 地址也不能是 127.0.0.1 地址。

（3）编辑 /etc/xinited/tftp 文件，将文中的 disable 字段的配置由 yes 改为 no。

（4）执行 cobbler get-loaders，系统将自动下载 loader 程序，完成提示的修复工作。

（5）编辑 /etc/xinetd/rsync 文件，将文中的 disable 字段的配置由 yes 改为 no。

（6）提示文件 /etc/xinetd.d/rsync 不存在。

（7）与（8）均提示 debmirror 配置文件 /etc/debmirror.conf 中的问题，如果没有涉及到安装 debian 系统，可以忽略。

（9）修改 cobbler 用户的初始密码，可以使用如下命令生成密码，并使用生成

后的密码替换 /etc/cobbler/setting 中的密码。生成密码命令：openssl passwd -l -salt 'random-phrase-here' 'your-password-here'。

（10）提示 fence 设备没有找到。

根据上面的检查设置，告诉我们需要对 Cobbler 做初始化设置，接下来一步步设置即可。

6.3 配置 Cobbler 服务

普通的自动化部署可以采用 PXE 配合 Kickstart 的方式实现，但是面对多版本、多部署需求的情况，普通的自动化部署方式就显得力不从心，无法达到用户需求，这时就需要借助网络安装服务器套件 Cobbler 来实现不同的用户需求。

相比普通的自动化部署方式，使用 Cobbler 部署系统的时候不需要协调各个服务，Cobbler 都可以统一管理，比如，Cobbler 是不会因为在局域网中启动了 DHCP 而导致有些机器因为默认从 PXE 启动所以在重启服务器后加载 TFTP 内容导致启动终止。

Cobbler 安装完毕后，相关配置文件存放在 /etc/cobbler 下，具体文件如表 6-1 所示。

表 6-1 Cobbler 主要配置文件

配置文件名称	作用
/etc/cobbler/settings	Cobbler 主配置文件
/etc/cobbler/users.digest	用于 Web 访问的用户名密码配置文件
/etc/cobbler/modules.conf	模块配置文件
/etc/cobbler/users.conf	Cobbler WebUI/Web 服务授权配置文件
/etc/cobbler/iso	Buidldiso 模板配置文件
/etc/cobbler/power	电源配置文件
/etc/cobbler/pxe	Pxeprofile 配置模板
/etc/cobbler	此目录也包含 rsync、dhcp、dns、pxe 等服务的模板配置文件

Cobbler 的主配置文件 /etc/cobbler/settings 中几个比较重要的参数设置。

server 参数的值为提供 Cobbler 服务的主机对应的 IP 地址，设置一个用户希望和 Cobbler 服务器通过 HTTP 和 TFTP 等协议链接的 IP 地址。

next_server 参数的值为提供 DHCP/PXE 网络引导文件被下载的 TFTP 服务器的 IP，它将和 server 设置为同一个 IP。

pxe_just_once 参数的值为 PXE 安装只允许一次，防止误操作导致重装系统。默认为 0 表示关闭此参数功能，为 1 表示启用该参数功能。

manage_dhcp 参数的值为是否让 Cobbler 管理 DHCP 服务，默认为 0 表示不进行管理，为 1 表示对其进行管理。

manage_rsync 参数的值为是否让 Cobbler 管理 Rsync 服务，默认为 0 表示不进行管理，为 1 表示对其进行管理。

default_password_crypted 参数的值为加密后的 Cobbler 用户初始密码。

6.3.1 配置案例

案例环境如表 6-2 所示。

表 6-2 Cobbler 自动化装机案例环境

主机名	操作系统版本	IP 地址	主要软件
cobbler	Centos6.5x86_64	eth0:192.168.46.167	cobbler tftp rsync httpd dhcp
client	Centos6.5x86_64	自动获得	koan

1. 修改 Cobbler 主配置文件

```
[root@cobbler ~]# vim /etc/cobbler/settings
next_server: 192.168.46.167
server: 192.168.46.167
pxe_just_once: 1
```

2. 配置 TFTP 和 Rsync

首先修改 Cobbler 配置，让 Cobbler 来管理 tftpd 服务和 rsync 服务，默认 Cobbler 是管理 tftpd 服务，所以修改 manage_rsync 值为 1 即可。


```
[root@cobbler ~]# vi /etc/cobbler/settings
manage_rsync: 1
```

接下来需要修改 tftp 和 rsync 这两个服务的 xinetd 配置，只需修改 rsync 和 tftp 的配置文件，将 disable = yes 修改为 disable = no 来开启 tftp 与 rsync 服务的开机启动。

```
[root@cobbler ~]#sed -i '/disable/c disable = no' /etc/xinetd.d/tftp
[root@cobbler ~]#sed -i -e 's/= yes/= no/g' /etc/xinetd.d/rsync
[root@cobbler ~]# /etc/init.d/xinetd restart
Stopping xinetd:                                    [  OK  ]
Starting xinetd:                                    [  OK  ]
[root@cobbler ~]# chkconfig tftp on
[root@cobbler ~]# chkconfig rsync on
```

3. 下载引导操作系统文件

加载部分缺失的网络 boot-loaders。

```
[root@cobbler ~]# cobbler get-loaders
task started: 2016-11-24_024117_get_loaders
task started (id=Download Bootloader Content, time=Thu Nov 24 02:41:17 2016)
path /var/lib/cobbler/loaders/README already exists, not overwriting existing content, use --force
```

```
if you wish to update
path /var/lib/cobbler/loaders/COPYING.elilo already exists, not overwriting existing content, use --
force if you wish to update
path /var/lib/cobbler/loaders/COPYING.yaboot already exists, not overwriting existing content, use --
force if you wish to update
path /var/lib/cobbler/loaders/COPYING.syslinux already exists, not overwriting existing content, use --
force if you wish to update
path /var/lib/cobbler/loaders/elilo-ia64.efi already exists, not overwriting existing content, use --force if
you wish to update
path /var/lib/cobbler/loaders/yaboot already exists, not overwriting existing content, use --force if you
wish to update
path /var/lib/cobbler/loaders/pxelinux.0 already exists, not overwriting existing content, use --force if
you wish to update
path /var/lib/cobbler/loaders/menu.c32 already exists, not overwriting existing content, use --force if
you wish to update
downloading http://cobbler.github.io/loaders/grub-0.97-x86.efi to /var/lib/cobbler/loaders/grub-x86.efi
downloading http://cobbler.github.io/loaders/grub-0.97-x86_64.efi to /var/lib/cobbler/loaders/
grub-x86_64.efi
*** TASK COMPLETE ***
```

4. 设置 Cobbler 用户初始密码

首先需要生成密钥和配置默认密钥，注意这个设置只针对 CentOS 有效。

语法：openssl passwd -1 -salt '任意字符''密码'（是数字 1 不是字母 L）

其中任意字符可以随便写，这个密码就是安装完系统之后 root 用户的密码。

```
[root@cobbler ~]# openssl passwd -1 -salt 'random-phrase-here' 'hao123'
$1$random-p$lNVlIjpF3J/3EBAGE23ya.
```

然后将上面的加密串加入 Cobbler 配置文件中。

```
[root@cobbler ~]# vi /etc/cobbler/settings
default_password_crypted: "$1$random-p$lNVlIjpF3J/3EBAGE23ya."
[root@cobbler ~]# /etc/init.d/cobblerd restart
Stopping cobbler daemon:                    [  OK  ]
Starting cobbler daemon:                    [  OK  ]
```

5. 安装 cman 启动电源管理功能

```
[root@cobbler ~]# yum install cman
```

cman 执行程序安装在 /usr/sbin/ 目录下，通过 rpm -ql cman 查看。之后便可根据相关电源管理设备，配置电源管理相关参数。这里省略。

6. 检查 Cobbler 配置

```
[root@cobbler ~]# cobbler check
The following are potential configuration items that you may want to fix:
1 : file /etc/xinetd.d/rsync does not exist
```

```
2 : comment out 'dists' on /etc/debmirror.conf for proper debian support
3 : comment out 'arches' on /etc/debmirror.conf for proper debian support
Restart cobblerd and then run 'cobbler sync' to apply changes.
```

以上信息第一条可以忽略，如果没有涉及到安装 debian 系统，后两条也可以忽略。

涉及 debian 系统需要修改的话，只需要修改配置文件 /etc/debmirror.conf，注释掉 @dists="sid" 与 @arches="i386" 即可。

```
[root@cobbler ~]# vim /etc/debmirror.conf
#@dists="sid";
#@arches="i386";
```

7. 配置 DHCP 服务

首先修改 Cobbler 配置，让 Cobbler 来管理 DHCP 服务，在做自定义配置时，需要修改 DHCP 相关配置，以配合 PXE 启动用。

```
[root@cobbler ~]# vim /etc/cobbler/settings
manage_dhcp: 1
```

修改完毕后，Cobbler 会根据 /etc/cobbler/dhcp.template 生成 dhcp.conf 文件，此文件是 Cobbler 管理 DHCP 的模板，确保 DHCP 分配的地址和 Cobbler 在同一网段。

对于此文件，本例中只需要修改如下部分，其余部分维持默认值即可。

```
[root@cobbler ~]#vim /etc/cobbler/dhcp.template
subnet 192.168.46.0 netmask 255.255.255.0 {
  # 修改自己的路由
     option routers            192.168.46.2;
  # 域名服务器地址
     option domain-name-servers 8.8.8.8;
  # 子网掩码
     option subnet-mask        255.255.255.0;
  # 设置 dhcp 服务器 IP 地址租用的范围
     range dynamic-bootp          192.168.46.100 192.168.46.200;
     default-lease-time           21600; # 缺省租约时间
     max-lease-time               43200; # 最大租约时间
     next-server                  $next_server; # 指定引导服务器
  }
[root@cobbler ~]# chkconfig dhcpd on
```

修改完所有的配置文件后使用 cobbler sync 同步配置。注意每次修改完 dhcp.template 之类的配置文件都需要执行一次使其生效。

```
[root@cobbler ~]# cobbler sync
task started: 2016-11-24_025931_sync
task started (id=Sync, time=Thu Nov 24 02:59:31 2016)
running pre-sync triggers
cleaning trees
```

```
removing: /var/lib/tftpboot/grub/images
copying bootloaders // 自动复制基于网卡引导所需要的文件到 tftp server 的共享文件目录中
trying hardlink /var/lib/cobbler/loaders/pxelinux.0 -> /var/lib/tftpboot/pxelinux.0
trying hardlink /var/lib/cobbler/loaders/menu.c32 -> /var/lib/tftpboot/menu.c32
trying hardlink /var/lib/cobbler/loaders/yaboot -> /var/lib/tftpboot/yaboot
trying hardlink /usr/share/syslinux/memdisk -> /var/lib/tftpboot/memdisk
trying hardlink /var/lib/cobbler/loaders/grub-x86.efi -> /var/lib/tftpboot/grub/grub-x86.efi
trying hardlink /var/lib/cobbler/loaders/grub-x86_64.efi -> /var/lib/tftpboot/grub/grub-x86_64.efi
copying distros to tftpboot
copying images
generating PXE configuration files    // 自动产生基于 PXE 引导的配置文件
generating PXE menu structure
rendering DHCP files
generating /etc/dhcp/dhcpd.conf
rendering TFTPD files
generating /etc/xinetd.d/tftp
cleaning link caches
rendering Rsync files
running post-sync triggers
running python triggers from /var/lib/cobbler/triggers/sync/post/*
running python trigger cobbler.modules.sync_post_restart_services
running: dhcpd -t -q
received on stdout:
received on stderr:
running: service dhcpd restart       // 自动重启 dhcp 服务
received on stdout: Starting dhcpd: [  OK  ]
received on stderr:
running shell triggers from /var/lib/cobbler/triggers/sync/post/*
running python triggers from /var/lib/cobbler/triggers/change/*
running python trigger cobbler.modules.scm_track
running shell triggers from /var/lib/cobbler/triggers/change/*
*** TASK COMPLETE ***        // 输出 *** TASK COMPLETE *** 表示配置无错误
```

8. 导入 ISO 镜像文件

使用 Cobbler 的 import 命令从 IOS 安装镜像中导入安装所需要的程序包。

命令格式：cobbler import --path= 镜像路径 -- name= 安装引导名 --arch=32 位或 64 位

参数说明：

--path 表示镜像所挂载的目录。

--name 表示为安装源定义的名字。

--arch 表示指定安装源是 32 位还是 64 位、ia64，目前支持的选项有：x86|x86_64|ia64。

```
[root@cobbler ~]# mount -o loop /root/ CentOS-6.5-x86_64-bin-DVD1 /mnt
[root@cobbler ~]# cobbler import --path=/mnt/ --name=centos6.5 --arch=x86_64
                                        // 导入系统镜像文件，需要一段时间
task started: 2016-11-24_152127_import
```

```
task started (id=Media import, time=Thu Nov 24 15:21:27 2016)
Found a candidate signature: breed=redhat, version=rhel6
Found a matching signature: breed=redhat, version=rhel6
Adding distros from path /var/www/cobbler/ks_mirror/CentOS-6.5-x86_64:
creating new distro: CentOS-6.5-x86_64
trying symlink: /var/www/cobbler/ks_mirror/CentOS-6.5-x86_64 -> /var/www/cobbler/links/
    CentOS-6.5-x86_64
creating new profile: CentOS-6.5-x86_64
associating repos
checking for rsync repo(s)
checking for rhn repo(s)
checking for yum repo(s)
starting descent into /var/www/cobbler/ks_mirror/CentOS-6.5-x86_64 for CentOS-6.5-x86_64
processing repo at : /var/www/cobbler/ks_mirror/CentOS-6.5-x86_64
need to process repo/comps: /var/www/cobbler/ks_mirror/CentOS-6.5-x86_64
looking for /var/www/cobbler/ks_mirror/CentOS-6.5-x86_64/repodata/*comps*.xml
Keeping repodata as-is :/var/www/cobbler/ks_mirror/CentOS-6.5-x86_64/repodata
*** TASK COMPLETE ***
```

从上面显示信息所知，Cobbler 会将镜像中的所有安装文件拷贝到本地一份，放在 /var/www/cobbler/ks_mirrors 下的 centos6.5-x86_64 目录下。同时会创建一个名字为 centos6.5-x86_64 的发布版本，以及一个名字为 centos6.5-x86_64 的 profile 文件。

其中：

distro 表示一个发行版，标记一个发行版的最关键资源是 kernel 和 ramdisk。

profile 表示 kickstart 配置文件。

9. 补充知识

Cobbler 提供了管控命令管理 distro 和 profile，如：

```
[root@cobbler ~]# cobbler profile find --distro=Centos6.5-x86_64          // 查看配置是否存在
Centos6.5-x86_64
[root@cobbler ~]# cobbler profile remove  --name=Centos6.5-x86_64      // 删除配置文件
[root@cobbler ~]# cobbler distro remove  --name=Centos6.5x8-x86_64  // 删除 distro
[root@cobbler ~]# cobbler profile find --distro=Centos6.5-x86_64          // 查看，已无配置文件
```

导入镜像完成之后，可通过 cobbler list 来查看导入的结果。

```
[root@cobbler ~]# cobbler list
distros:
  centos6.5-x86_64
profiles:
  centos6.5-x86_64
...
```

也可以单独查看 cobbler 提供可安装的 OS 发行版。

```
[root@cobbler ~]# cobbler distro list
  centos6.5-x86_64
```

此时 TFTP 服务器的共享目录也有了启动 Linux 所需的文件，因为从 OS 安装光盘导入时，同时会把内核 vmlinuz 和 initrd.img 复制到 tftp server 共享目录下。

```
[root@cobbler ~]# tree /var/lib/tftpboot/images
/var/lib/tftpboot/images
└── centos6.5-x86_64
    ├── initrd.img
    └── vmlinuz
1 directory, 2 files
```

10. 测试安装

启动客户端选择 CentOS-6.5-X86_64 进行系统安装，如图 6.2 所示。

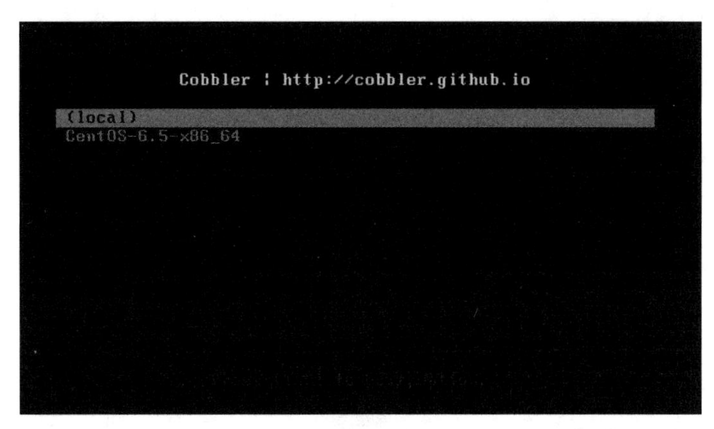

图 6.2 客户端界面

11. 导入 kickstart 文件

安装 OS 时，会自动在 /root 目录下生成以 .cfg 结尾的文件，这就是 kickstart 文件。该文件保存了安装 OS 时配置的所有参数。Cobbler 引导文件会把默认的 ks 文件作为参数传递给内核。

```
[root@cobbler ~]# cat /var/lib/tftpboot/pxelinux.cfg/default
DEFAULT menu
PROMPT 0
MENU TITLE Cobbler | http://cobbler.github.io
TIMEOUT 200
TOTALTIMEOUT 6000
ONTIMEOUT local
LABEL local
        MENU LABEL (local)
        MENU DEFAULT
        LOCALBOOT -1
LABEL CentOS-6.5-x86_64
        kernel /images/CentOS-6.5-x86_64/vmlinuz
```

```
        MENU LABEL CentOS-6.5-x86_64
        append initrd=/images/CentOS-6.5-x86_64/initrd.img
    ksdevice=bootif lang=  kssendmac text
    ks=http://192.168.46.167/cblr/svc/op/ks/profile/CentOS-6.5-x86_64
        ipappend 2
MENU end
```

默认的 KS 文件位置在 /var/lib/cobbler/kickstarts/sample.ks。

```
[root@cobbler ~]#cat /var/lib/cobbler/kickstarts/sample.ks
#platform=x86, AMD64, or Intel EM64T
# System authorization information
auth  --useshadow  --enablemd5 # 用户登录认证
# System bootloader configuration
bootloader --location=mbr  #mbr 引导
# Partition clearing information
clearpart --all –initlabel # 默认清除所有分区
# Use text mode install
text   # 以文本模式安装
# Firewall configuration
firewall –enabled  # 防火墙默认开启
# Run the Setup Agent on first boot
firstboot –disable  # 禁用启动代理
# System keyboard
keyboard us  # 默认英文键盘
# System language
lang en_US  # 默认语言英文
# Use network installation
url --url=$tree  # 网络安装路径
# If any cobbler repo definitions were referenced in the kickstart profile, include them here.
$yum_repo_stanza  # 默认的 yum 仓库
# Network information
$SNIPPET('network_config')
# Reboot after installation
reboot   # 安装完成后重启

#Root password
rootpw --iscrypted $default_password_crypted  # 密码是 /etc/cobbler/settings 中设置的密码
# SELinux configuration
selinux –disabled  # 默认关闭 selinux
# Do not configure the X Window System
skipx  # 默认没有安装图形界面
# System timezone
timezone  America/New_York  # 默认时区是美国 / 纽约
# Install OS instead of upgrade
install   # 定义的是安装系统而不是升级系统
# Clear the Master Boot Record
```

```
zerombr # 默认清空所有的 mbr
# Allow anaconda to partition the system as needed
autopart # 默认自动分区
# 下面就是 Cobbler 自定义执行的一些脚本
%pre
$SNIPPET('log_ks_pre')
$SNIPPET('kickstart_start')
$SNIPPET('pre_install_network_config')
# Enable installation monitoring
$SNIPPET('pre_anamon')

%packages
$SNIPPET('func_install_if_enabled')
$SNIPPET('puppet_install_if_enabled')

%post --nochroot
$SNIPPET('log_ks_post_nochroot')
%end

%post
$SNIPPET('log_ks_post')
# Start yum configuration
$yum_config_stanza
# End yum configuration
$SNIPPET('post_install_kernel_options')
$SNIPPET('post_install_network_config')
$SNIPPET('func_register_if_enabled')
$SNIPPET('puppet_register_if_enabled')
$SNIPPET('download_config_files')
$SNIPPET('koan_environment')
$SNIPPET('redhat_register')
$SNIPPET('cobbler_register')
# Enable post-install boot notification
$SNIPPET('post_anamon')
# Start final steps
$SNIPPET('kickstart_done')
# End final steps
```

Cobbler 还可以自定义 ks 文件。

命令格式：cobbler profile add --name=list 名 --distro= 镜像 --kickstart= 路径

参数说明：

--name 表示添加的 ks 的名字，用 cobbler report 可以看到这个名字。

--distro 是用哪个镜像，list 的 distros 里面选择一个，需要版本相对应。

--kickstart 是具体的 ks 文件路径。

需要注意：

（1）kickstart 自动安装文件需要预先配置好。

（2）每次修改完配置文件，需要执行一次同步操作：cobbler sync 配置才能生效。

（3）kickstart 自动安装文件可以用工具生成（需要图形界面操作，相关软件包：system-config-kickstart）。

12. 使用 koan 重装系统

koan 是 Cobbler 的一个辅助工具，安装在客户端的使用，为 kickstart over a network 的缩写，配合 Cobbler 实现快速重装 Linux 系统。

koan 的相关脚本在 /usr/lib/python2.6/site-packages/koan/ 目录内。

通过 epel 源在重装机器上安装 koan。

```
[root@client ~]# yum install koan
```

列出远程 Cobbler 服务器上的系统版本对象。

```
[root@client ~]# koan --server=192.168.46.167 --list=profiles
- looking for Cobbler at http://192.168.46.167:80/cobbler_api
Centos6.5-x86_64
```

查看更多关于远程 Cobbler 对象的信息。

```
[root@client ~]# koan --server=192.168.46.167 --display --profile=Centos6.5-x86_64
- looking for Cobbler at http://192.168.46.167:80/cobbler_api
- reading URL: http://192.168.46.167/cblr/svc/op/ks/profile/Centos6.5-x86_64
install_tree: http://192.168.46.167/cblr/links/Centos6.5-x86_64
          name  : Centos6.5-x86_64
         distro  : Centos6.5-x86_64
       kickstart  : http://192.168.46.167/cblr/svc/op/ks/profile/Centos6.5-x86_64
        ks_meta  : tree=http://@@http_server@@/cblr/links/Centos6.5-x86_64
     install_tree  : http://192.168.46.167/cblr/links/Centos6.5-x86_64
         kernel  : /var/www/cobbler/ks_mirror/Centos6.5-x86_64/images/pxeboot/vmlinuz
         initrd  : /var/www/cobbler/ks_mirror/Centos6.5x-x86_64/images/pxeboot/initrd.img
   kernel_options  : ks=http://192.168.46.167/cblr/svc/op/ks/profile/Centos6.5-x86_64 ksdevice=
        link kssendmac lang= text
          repos  :
        virt_ram  : 512
  virt_disk_driver  : raw
       virt_type  : kvm
       virt_path  :
    virt_auto_boot  : 1
```

重新安装客户端系统。

```
[root@client ~]# koan -r --server=192.168.46.167 --profile=Centos6.5-x86_64
- looking for Cobbler at http://192.168.46.167:80/cobbler_api
- reading URL: http://192.168.46.167/cblr/svc/op/ks/profile/Centos6.5-x86_64
install_tree: http://192.168.46.167/cblr/links/Centos6.5-x86_64
```

```
downloading initrd initrd.img to /boot/initrd.img_koan
url=http://192.168.46.167/cobbler/images/Centos6.5-x86_64/initrd.img
- reading URL: http://192.168.46.167/cobbler/images/Centos6.5-x86_64/initrd.img
downloading kernel vmlinuz to /boot/vmlinuz_koan
url=http://192.168.46.167/cobbler/images/Centos6.5-x86_64/vmlinuz
- reading URL: http://192.168.46.167/cobbler/images/Centos6.5-x86_64/vmlinuz
- ['/sbin/grubby', '--add-kernel', '/boot/vmlinuz_koan', '--initrd', '/boot/initrd.img_koan', '--args',
    ' "ks=http://192.168.46.167/cblr/svc/op/ks/profile/Centos6.5-x86_64 ksdevice=link kssendmac
    lang= text " ', '--copy-default', '--make-default', '--title=kick1479675968']
- ['/sbin/grubby', '--update-kernel', '/boot/vmlinuz_koan', '--remove-args=root']
- reboot to apply changes
```

注意

输入此命令重启后，不能再终止重装，重启后自动进入 PXE 装机界面，如图 6.3 所示。无需人工干预，如图 6.4 所示。

```
[root@client ~]# reboot
```

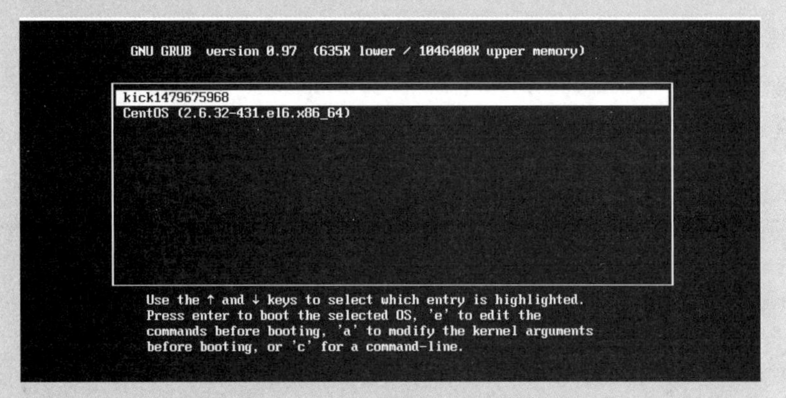

图 6.3 重新进入的 PXE 装机界面

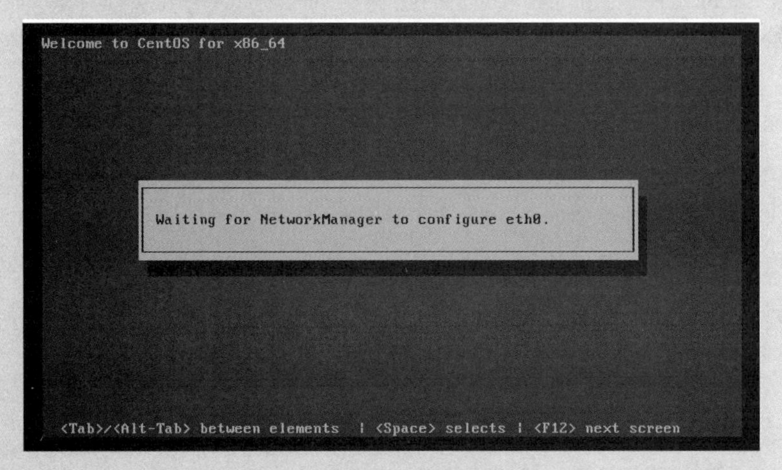

图 6.4 自动安装界面

6.3.2 YUM 仓库管理

Cobbler 可以对 YUM 仓库进行管理，在 Cobbler 服务器上添加 YUM 仓库信息，安装客户端系统之后会自动配置 YUM 仓库，方便客户端系统直接使用。

在定义 YUM 仓库时，首先需要添加镜像源，比如，使用 163 的 base、updates 库以及 epel 源定义 repo 源。

```
[root@cobbler ~]# cobbler repo add --name=CentOS6.5-x86_64-Base --mirror=http://mirrors.163.com/
    centos/6/os/x86_64/ --arch=x86_64 --breed=yum
[root@cobbler ~]# cobbler repo add --name=CentOS6.5-x86_64-updates  --mirror=http://mirrors.163.
    com/centos/6/updates/x86_64/ --arch=x86_64 --breed=yum
[root@cobbler ~]#cobbler repo add  --name=epel6-x86_64 --mirror=http://mirrors.ustc.edu.cn/epel/6/
    x86_64/ --arch=x86_64 --breed=yum
```

还可以修改已经定义好的仓库信息，如对定义的仓库名进行修改。

```
[root@cobbler ~]# cobbler repo edit  --name=CentOS6.5-x86_64-base --mirror=http://mirrors.163.
    com/centos/6/os/x86_64/ --arch=x86_64 --breed=yum
```

删除镜像源。

```
[root@cobbler ~]# cobbler repo remove --name=CentOS6.5-x86_64-updates
```

同步 YUM 仓库内容到本地。需要注意的是同步时间较长，需有足够的磁盘空间。

```
[root@cobbler ~]# cobbler reposync
task started: 2016-11-19_190005_reposync
task started (id=Reposync, time=Sat Nov 19 19:00:05 2016)
hello, reposync
run, reposync, run!
creating: /var/www/cobbler/repo_mirror/epel6-x86_64/config.repo
creating: /var/www/cobbler/repo_mirror/epel6-x86_64/.origin/epel6-x86_64.repo
running: /usr/bin/reposync -l -n -d --config=/var/www/cobbler/repo_mirror/epel6-x86_64/.origin/
    epel6-x86_64.repo --repoid=epel6-x86_64 --download_path=/var/www/cobbler/repo_mirror -a x86_64
...
```

将 repo 添加到 profile 安装系统时会自动添加仓库配置。

```
[root@cobbler ~]# cobbler profile edit --name=centos6.5-x86_64  --repos="CentOS6.5-x86_64-base
    epel6-x86_64" --distro=centos6.5-x86_64  --kickstart=/var/lib/cobbler/kickstarts/sample.ks
```

添加更新仓库源的任务计划，如每周日更新一次。确保 crond 服务启动，并设置为开机自动启动。

```
[root@cobbler ~]# crontab -e
0 0 * * 0 /usr/bin/cobbler reposync --tries=3 --no-fail &>/dev/null
[root@cobbler ~]# /etc/init.d/crond status
crond (pid  1516) is running...
[root@cobbler ~]# chkconfig crond on
```

如果想安装系统时自动配置 YUM 仓库，需要确保 Cobbler 主配置文件中有如下配置：

```
[root@cobbler ~]# vim /etc/cobbler/settings
yum_post_install_mirror: 1
```

在装机脚本 ks 文件加入以下内容：

```
%post
$yum_config_stanza //PXE 装机系统会引用添加的 cobbler repo 配置
```

客户端系统自动配置的 YUM 仓库文件为 /etc/yum.repos.d/cobbler-config.repo。

补充：Cobbler 命令小结，如表 6-3 所示。

表 6-3 Cobbler 命令小结

命令名称	命令用途
cobbler check	检查 Cobbler 配置
cobbler list	列出所有的 Cobbler 元素
cobbler report	列出元素的详细信息
cobbler distro	查看导入的发行版本系统信息
cobbler profile	查看配置信息
cobbler sync	同步 Cobbler 配置，更改配置后最好都执行下
cobbler reposync	同步 YUM 仓库

6.4 PXE 菜单管理

6.4.1 设置 PXE 菜单密码

为了增强装机安全可以设置 PXE 菜单密码。

1. 生成 hash 密码

```
[root@cobbler ~]# openssl passwd -1 -salt cobbler hao123
$1$cobbler$vPfNo.y/obrlGZWEbif8O0
```

2. 编辑配置文件 pxedefault，添加密码信息

```
[root@cobbler ~]# vim /etc/cobbler/pxe/pxedefault.template
DEFAULT menu
PROMPT 0
MENU TITLE Cobbler | http://cobbler.github.io
    MENU MASTER PASSWD $1$cobbler$vPfNo.y/obrlGZWEbif8O0    // 添加密码信息
TIMEOUT 200
TOTALTIMEOUT 6000
```

```
ONTIMEOUT $pxe_timeout_profile

LABEL local
        MENU LABEL (local)
        MENU DEFAULT
        LOCALBOOT -1

$pxe_menu_items

MENU end
```

3. 编辑配置文件 pxeprofile，添加加密菜单

```
[root@cobbler ~]# vim /etc/cobbler/pxe/pxeprofile.template
LABEL $profile_name
        MENU PASSWD                 //添加加密菜单
        kernel $kernel_path
        $menu_label
        $append_line
        ipappend 2
```

4. 同步配置

```
[root@cobbler ~]# cobbler sync
```


此时，PXE 装机时选择装机系统版本，输入装机密码，如图 6.5 所示。

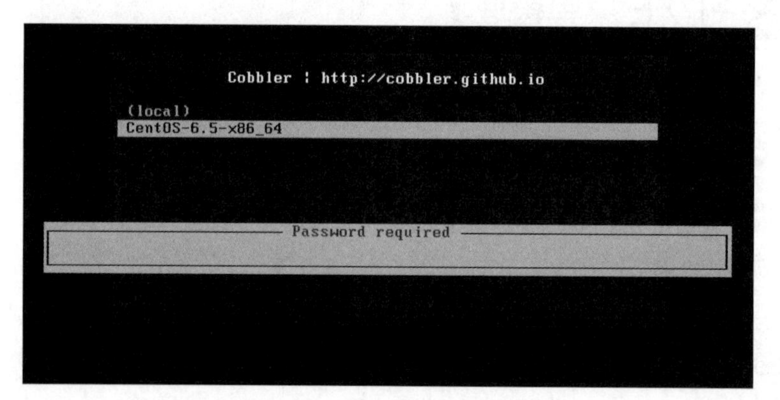

图 6.5 PXE 菜单加密

6.4.2 定制 PXE 菜单

根据装机需求，可以定制 PXE 菜单。只需要编辑 pxedefault 文件，将 MENU TITLE 根据自己的需要进行修改即可。

```
[root@cobbler ~]# vim /etc/cobbler/pxe/pxedefault.template
```

```
DEFAULT menu
PROMPT 0
    MENU TITLE Cobbler Automation Install System        // 自定义 TITLE
MENU MASTER PASSWD $1$cobbler$vPfNo.y/obrlGZWEbif8O0
TIMEOUT 200
TOTALTIMEOUT 6000
ONTIMEOUT $pxe_timeout_profile

LABEL local
     MENU LABEL (local)
     MENU DEFAULT
     LOCALBOOT -1

$pxe_menu_items

MENU end
```

修改完执行。

```
[root@cobbler ~]# cobbler sync
```

此时，定制的 PXE 菜单如图 6.6 所示。

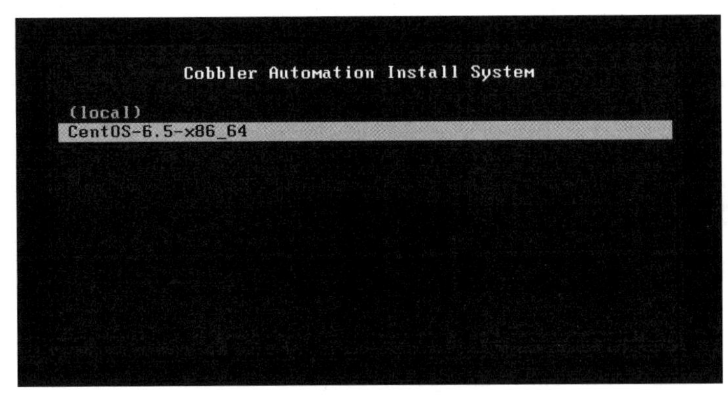

图 6.6 定制 PXE 菜单

6.5 Cobbler 的 Web 管理

Cobbler Web 界面是一个非常友好的前端，用 Web 界面管理 Cobbler 是一个非常简便的方法，只需要安装 cobbler_web 软件包即可。

使用它可以添加 / 删除 distro、profile，还可以查看与编辑 distros、profiles、repos、kickstart 文件。

```
[root@cobbler ~]#yum –y install cobbler-web
[root@cobbler ~]# service cobblerd restart
```

```
Stopping cobbler daemon:                 [  OK  ]
Starting cobbler daemon:                 [  OK  ]
```

6.5.1 设置 Cobbler web 登录密码

Cobbler web 支持多种认证方式，如 authn_configfile、authn_ldap 或 authn_pam 等。下面介绍两种用户认证登录 Cobbler web 的方式。

1. 使用 authn_configfile 模块认证方式

Cobbler web 界面的身份验证和授权配置位于文件 /etc/cobbler/modules.conf 中。

```
[root@cobbler ~]#cat  /etc/cobbler/modules.conf
[authentication]
module = authn_configfile          // 使用 /etc/cobbler/users.digest 文件
[authorization]
module = authz_allowall            // 默认，所有 authneticated 认证用户完全访问
```

为已存在的 Cobbler 用户设置密码，提示输入 2 遍密码确认。

```
[root@cobbler ~]# htdigest /etc/cobbler/users.digest "Cobbler" cobbler
Changing password for user cobbler in realm Cobbler
New password:
Re-type new password:
```


也可以添加新用户并设置密码。

```
[root@cobbler ~]# htdigest /etc/cobbler/users.digest "cobbler" newuser
Adding user newuser in realm cobbler
New password:
Re-type new password:
```

配置完成后，重启 Cobbler 与 apache 服务即可。

2. 使用 authn_pam 模块认证方式

首先需要修改认证方式：

```
[root@cobbler ~]#vim /etc/cobbler/modules.conf
[authentication]
module = authn_pam                 // 因为 PAM 非常常见，所以使用它执行身份验证
[authorization]
module = authz_ownership           // 可在 users.conf 文件中指定谁能够访问 Web 界面
```

然后添加系统用户：

```
[root@cobbler ~]# useradd webuser
[root@cobbler ~]# passwd webuser
```

之后在文件 /etc/cobbler/users.conf 中，将 webuser 用户添加到 admins 组，该组具有完整访问权限。

```
[root@cobbler ~]# vim /etc/cobbler/users.conf
[admins]
webuser = ""
```

配置完成后，重启 Cobbler 与 apache 服务，就可以用 webuser 用户的身份登录到 Cobbler web 页面。

6.5.2 Cobbler web 的使用

使用 https://192.168.46.167/cobbler_web 地址访问 Cobber web 页面，如图 6.7 所示。

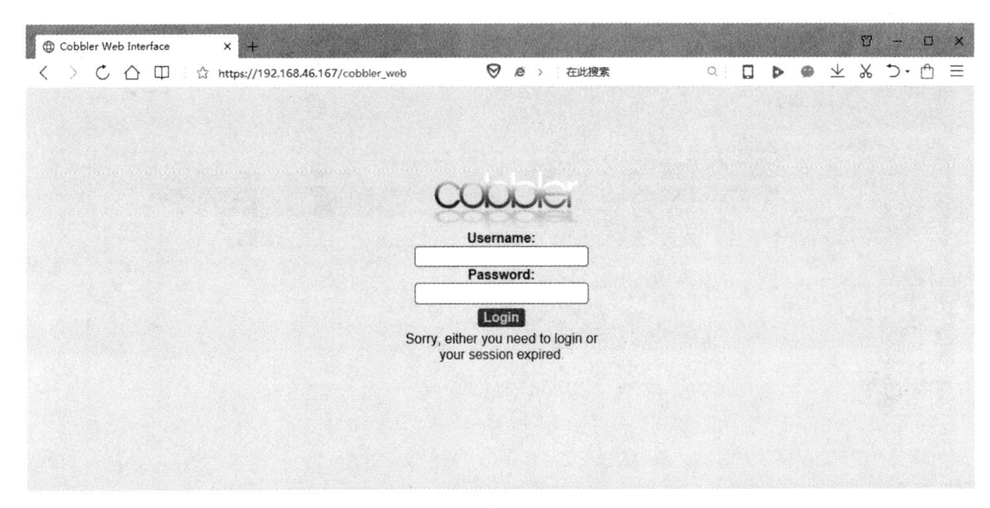

图 6.7 Cobbler web 登录页面

使用 Cobbler 用户登录到 Cobbler web 管理界面，如图 6.8 所示。

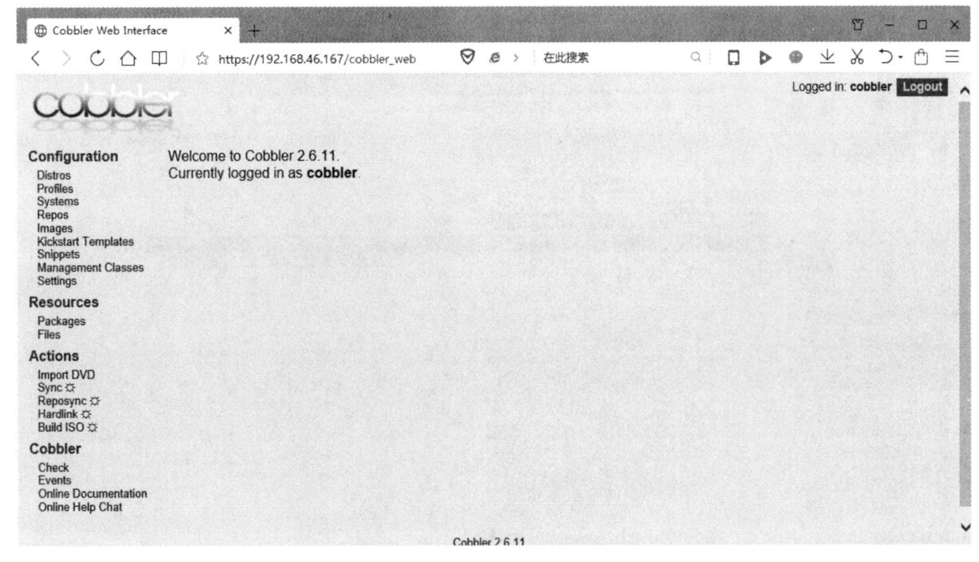

图 6.8 Cobbler web 管理界面

Cobbler web 界面左侧的菜单显示了配置类（比如存储库、系统、发行版和配置文件）、资源（用于配置管理）和操作（导入、同步）。单击每一个配置类，就会在屏幕右侧列出所有对象。可通过每一项旁边的按钮（Edit、Copy、Rename、Delete）应用列表过滤器和执行不同操作。

Cobbler 的使用主要集中在下面几个菜单里：

Distros：这个是发行版，类似 CentOS、Ubuntu、SUSE。CentOS 6.5 和 CentOS 6.8 是不同的 Distros。假设导入一个 CentOS 6.5 的 ISO 就是增加了一个 Distros，如图 6.9 所示。

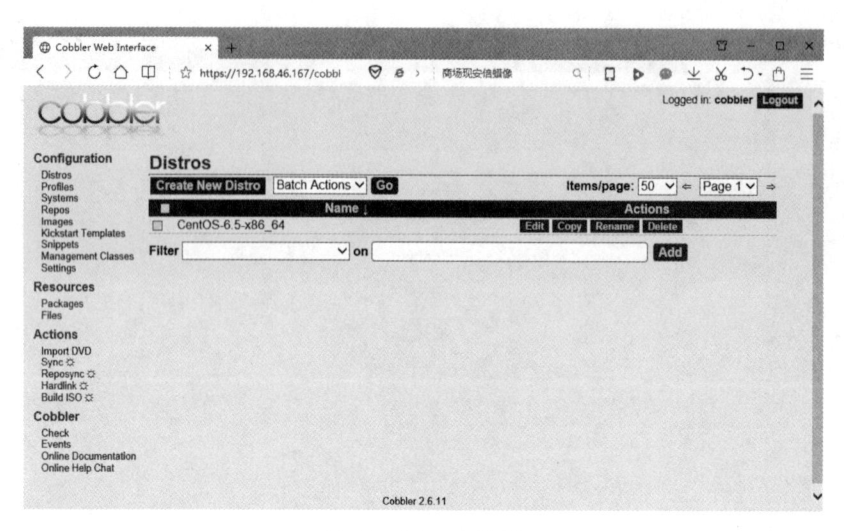

图 6.9　Distros 页面

Profiles：针对 Distros 的设置，一个 Distros 可以保存多个 Profiles，包括不同的 Kickstart 文件。源的设置都是在这里进行的，如图 6.10 所示。

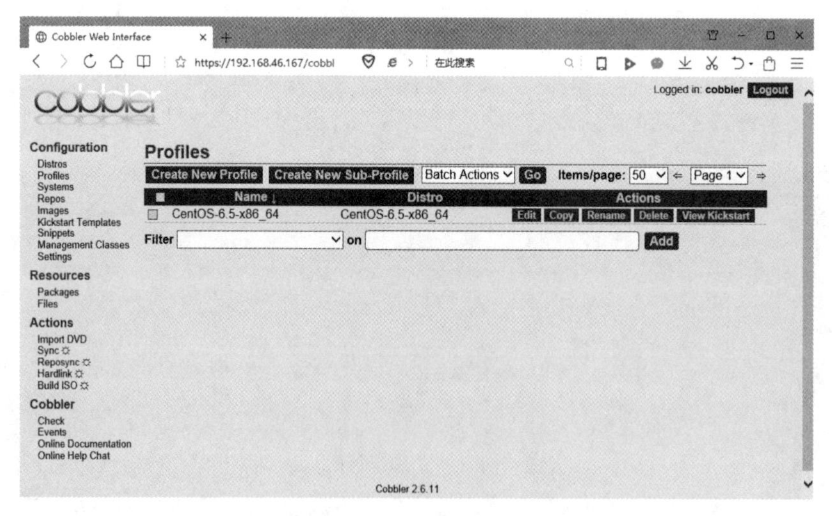

图 6.10　Profiles 页面

Systems：针对的是每个节点，可以指定节点的 IP 地址，DNS Name 等。日后对机器的操作，全部在 System 的菜单里操作。System 里会指定节点使用哪个 Profile。

Repos：这个主要是针对 RedHat 和 CentOS 有效，可以管理 YUM 源，并且这些 YUM 源可以在 Profile 里添加，比较方便。需要注意的是对于 Ubuntu 的源，只能在 Kickstart 脚本里指定，如图 6.11 所示。

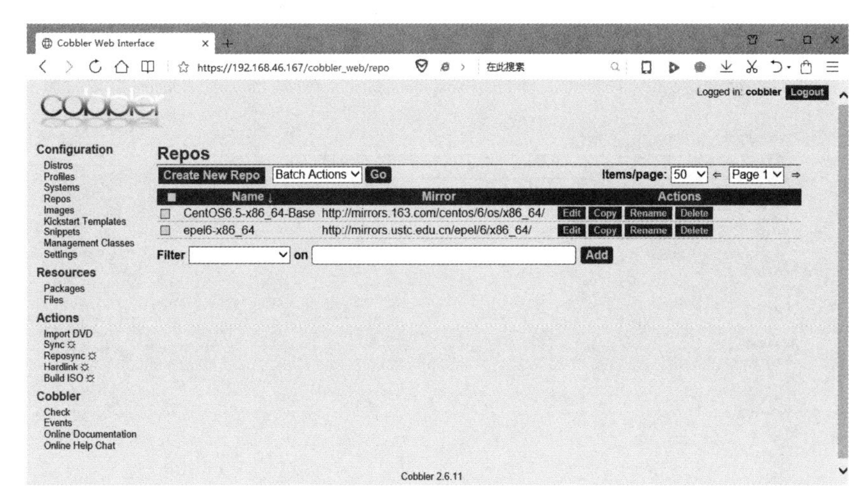

图 6.11　Repos 页面

Images：主要是针对不能 PXE 的机器，采用 ISO 启动。

Kickstart Templates：Cobbler 内置了几个 Ks 文件，如果导入一个 CentOS，系统会默认关联一个 Ks 文件，不需要做任何设置，就可以把 OS 自动装完。对于 Ubuntu 就需要单独创建一个 Preseed 文件，这些文件可以通过 Web 管理和修改，非常方便，如图 6.12 所示。

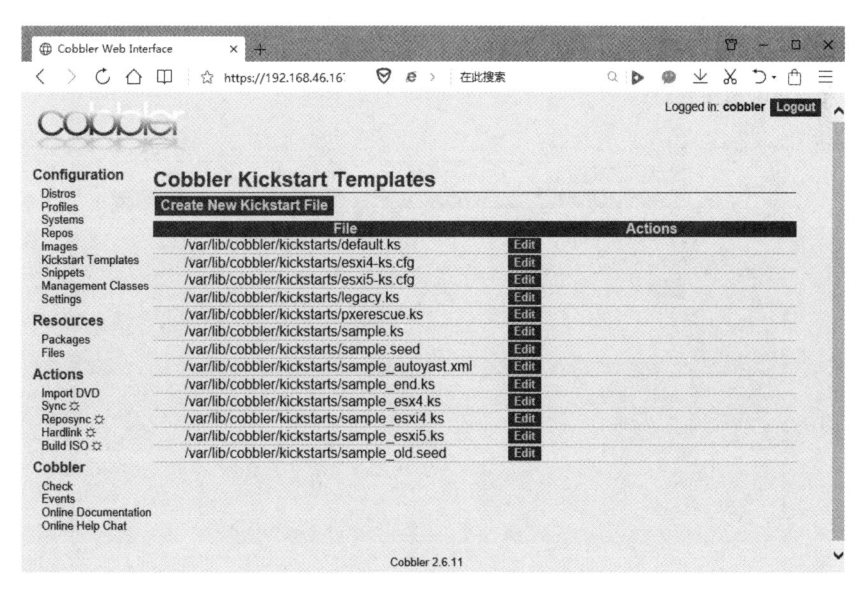

图 6.12　Kickstart 页面

Snippets：这是将 Cobbler 的一些常用的设置写成一个模块，让 Ks 文件调用，使操作更加灵活，例如 CentOS 的网络固定 IP 地址的设置就是通过这里实现的。

在进行 Cobbler Web 页面的操作时，首先会点击右边菜单中的 Import DVD，添加 DVD 源，然后在 DVD Importer 中填写相关上传的镜像信息，如图 6.13 所示。

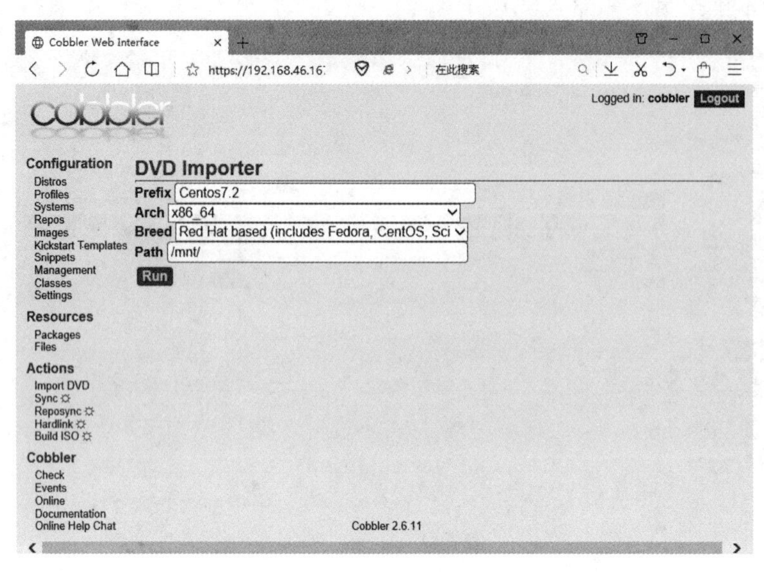

图 6.13　导入 DVD 源页面

其中 Path 为镜像文件的挂载目录，单击 Run 按钮，开始上传镜像。光盘导入比较慢，等适当的一段时间之后可以在 Distros 中查看刚才上传镜像后自动生成的发行版本，如图 6.14 所示。

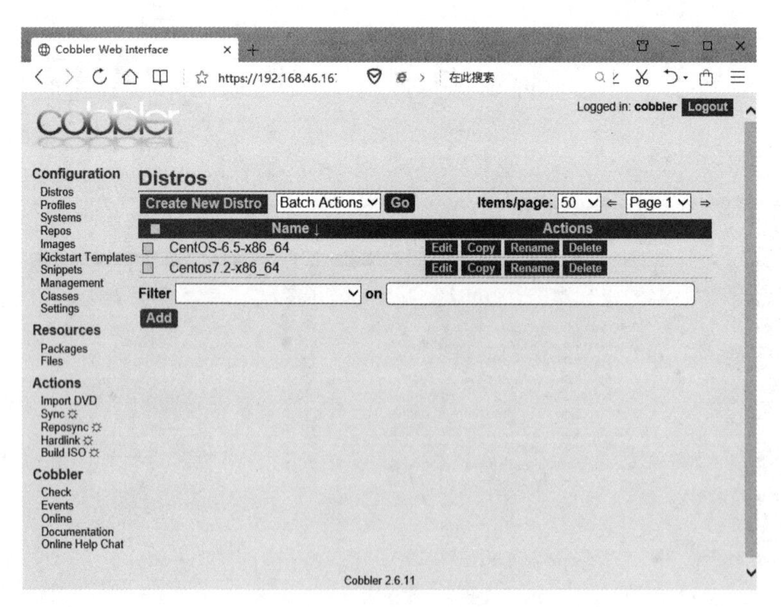

图 6.14　Distros 信息页面

上传镜像后会自动生成 Profile，可以查看修改 Profile 中的 Ks 文件，在此页面自定义 Ks 文件，如图 6.15 所示。

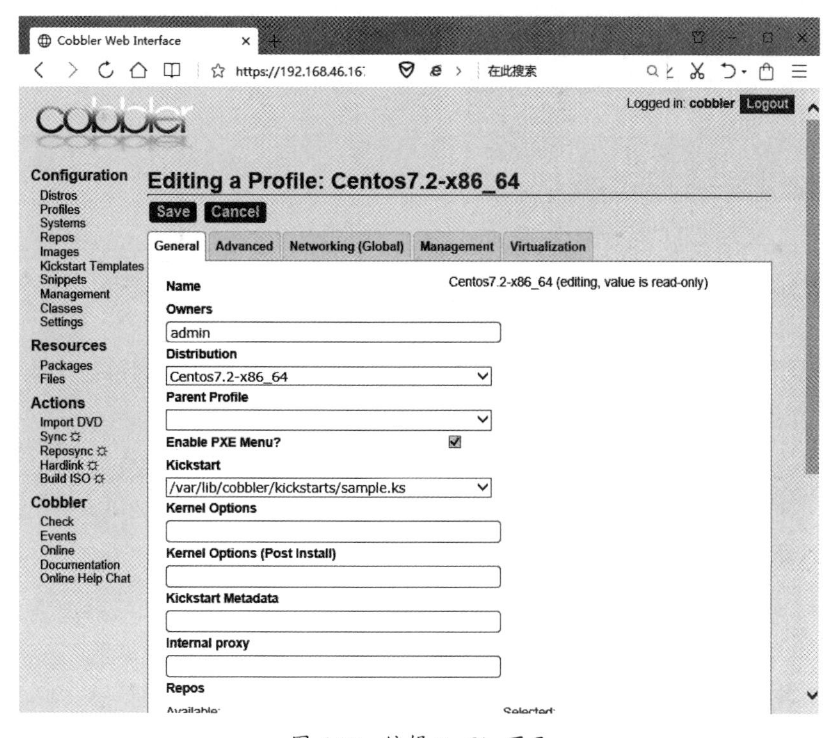

图 6.15　编辑 Profile 页面

之后客户端从网络启动后选择对应的工程文件开始自动部署。

本章总结

- Cobbler 支持多种 Linux 操作系统的快速部署，对 PXE 服务、DHCP 服务、HTTP 服务、TFTP 服务、Kickstart 服务、YUM 仓库以及电源等进行统一管理。
- Cobbler 可提供实现不同用户需求的可定制系统部署方案。
- Cobbler 分别提供命令行管理和 Web 界面管理，方便 Cobbler 管理员使用。

随手笔记

第7章

Shell 编程规范与变量

技能目标

- 掌握 Shell 脚本编程规范
- 掌握管道、重定向
- 掌握 Shell 脚本变量

本章导读

随着 Linux 系统在企业中的应用越来越多，服务器的自动化管理也变得越来越重要。在 Linux 服务器的自动化维护工作中，除了计划任务的设置以外，Shell 脚本的应用也是非常重要的一部分。

本章将主要学习 Shell 脚本基础、变量使用等知识，要求学会编写简单的脚本。

知识服务

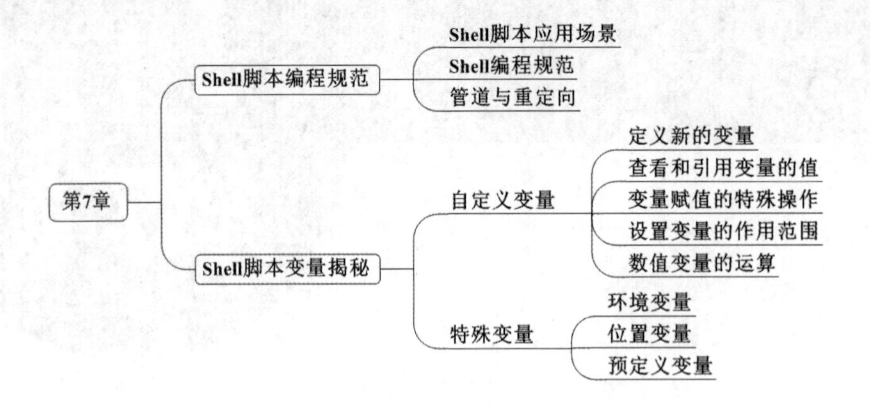

7.1 Shell 脚本编程规范

在一些复杂的 Linux 维护工作中，大量重复性的输入和交互操作不但费时费力，而且容易出错，而编写一个恰到好处的 Shell 脚本程序，可以批量处理、自动化地完成一系列维护任务，大大减轻管理员的负担。

7.1.1 Shell 脚本应用场景

Shell 脚本（Shell Script）就是将要执行的命令按顺序保存到一个文本文件，并给该文件可执行权限，方便一次性执行的一个程序文件。主要是方便管理员进行设置或管理，可结合各种 Shell 控制语句以完成更复杂的操作。常用于重复性操作、批量事务处理、自动化运维、服务运行状态监控、定时任务执行等。

像网站发布脚本，每天登录网站，我们会发现每页内容，并不是一成不变的，正常情况下网站会根据开发人员开发完成的代码定期更新网站内容，称之为网站定期发布新版本。但是对于一些更新间隔比较短的网站，手动执行命令发布是一种重复性的操作，很浪费时间，又比较麻烦。为解决此问题可以开发一个自动发布脚本，就可以高效准确、轻松自如地一键发布脚本了。

7.1.2 Shell 编程规范

Linux 系统中的 Shell 脚本是一个特殊的应用程序，它介于操作系统内核与用户之间，充当了一个“命令解释器”的角色，负责接收用户输入的操作指令（命令）并进行解释，将需要执行的操作传递给内核执行，并输出执行结果。

常见的 Shell 解释器程序有很多种，使用不同的 Shell 脚本时，其内部指令、命令行提示等方面会存在一些区别。通过 /etc/shells 文件可以了解当前系统所支持的 Shell 脚本种类。

```
[root@localhost ~]# cat /etc/shells
/bin/sh
/bin/bash
/sbin/nologin
……                              // 省略部分内容
```

其中，/bin/bash 是目前大多数 Linux 版本采用的默认 Shell 脚本。Bash 的全称为 Bourne Again Shell，是最受欢迎的开源软件项目之一。本课程中讲述的所有 Shell 操作，均以 Bash 为例。

那么，什么是“Shell 脚本”呢？简单地说，只要将平时使用的各种 Linux 命令按顺序保存到一个文本文件，然后添加可执行权限，这个文件就成为一个 Shell 脚本了。例如，执行以下操作可以创建第一个脚本文件：first.sh。

```
[root@localhost ~]# vi first.sh            // 新建 first.sh 文件
cd /boot/
pwd
ls -lh vml*
[root@localhost ~]# chmod +x first.sh      // 添加可执行权限
```

上述 first.sh 脚本文件中，包括三条命令：cd /boot/、pwd、ls -lh vml*。执行此脚本文件后，输出结果与依次单独执行这三条命令是相同的，从而实现了“批量处理”的自动化过程。

```
[root@localhost ~]# ./first.sh             // 直接运行脚本文件
/boot
-rwxr-xr-x. 1 root root 5.2M 1 月  17 03:58 vmlinuz-0-rescue-843892cc2dc44f6d866ba13685058735
-rwxr-xr-x. 1 root root 5.2M 11 月 23 00:53 vmlinuz-3.10.0-514.el7.x86_64
```

当然，一个合格的 Shell 脚本程序应该遵循标准的脚本结构，而且能够输出友好的提示信息、更加容易读懂。对于代码较多、结构复杂的脚本，应添加必要的注释文字。改写后的 first.sh 脚本内容如下所示。

```
[root@localhost ~]# vi first.sh
#!/bin/bash
# This is my first Shell-Script.
cd /boot
echo " 当前的目录位于 :"
pwd
echo " 其中以 vml 开头的文件包括 :"
ls -lh vml*
```

上述 first.sh 脚本文件中，第一行“#!/bin/bash”是一行特殊的脚本声明，表示此行以后的语句通过 /bin/bash 程序来解释执行；其他以“#”开头的语句表示注释信息；echo 命令用于输出字符串，以使脚本的输出信息更容易读懂。例如，执行改写后的 first.sh 脚本，输出结果如下所示。

```
[root@localhost ~]# ./first.sh
```

7 Chapter

当前的目录位于：

```
/boot
```

其中以 vml 开头的文件包括：

```
-rwxr-xr-x. 1 root root 5.2M 1 月  17 03:58 vmlinuz-0-rescue-843892cc2dc44f6d866ba13685058735
-rwxr-xr-x. 1 root root 5.2M 11 月 23 00:53 vmlinuz-3.10.0-514.el7.x86_64
```

直接通过文件路径“./first.sh”的方式执行脚本，要求文件本身具有 x 权限，在某些安全系统中可能无法满足此条件。鉴于此，Linux 操作系统还提供了执行 Shell 脚本的其他方式——指定某个 Shell 来解释脚本语句，或者通过内部命令 Source（或点号“.”）来加载文件中的源代码执行。例如，使用“sh first.sh”或“. first.sh”也可以执行 first.sh 脚本中的语句。

```
[root@localhost ~]# sh first.sh                    // 通过 /bin/sh 来解释脚本
```

或者：

```
[root@localhost ~]# . first.sh                     // 通过点号来加载脚本
```

Linux 系统中包括大量的 Shell 脚本文件，如 /etc/init.d 目录下的各种服务控制脚本，在学习 Shell 脚本的过程中可用来作为参考，但应尽量避免直接修改系统脚本，以免导致服务或系统故障。

7.1.3 管道与重定向

由于 Shell 脚本“批量处理”的特殊性，其大部分操作过程位于后台，不需要用户进行干预。因此学会提取、过滤执行信息变得十分重要。本节主要介绍 Shell 环境中的两个 I/O 操作：管道、重定向。

1. 管道操作

管道操作为不同命令之间的协同工作提供了一种机制，位于管道符号“|”左侧的命令输出的结果，将作为右侧命令的输入（处理对象），同一行命令中可以使用多个管道。管道命令的基本使用格式如下所示：

```
cmd1 命令 1 | cmd2 命令 2 [... | cmdn 命令 n]
```

在 Shell 脚本应用中，管道操作通常用来过滤所需要的关键信息。例如，使用 grep 命令查询使用“/bin/bash”作为 Shell 的用户名称时，会输出符合条件的整行内容，在此基础上可以结合管道操作与 awk 命令做进一步过滤，只输出用户名和登录 Shell 列。

```
[root@localhost ~]# grep "/bin/bash$" /etc/passwd              // 提取之前
root:x:0:0:root:/root:/bin/bash
teacher:x:500:500:KGC Linux Teacher:/home/teacher:/bin/bash
zhaoliu:x:1005:1005::/home/zhaoliu:/bin/bash
[root@localhost ~]# grep "/bin/bash$" /etc/passwd | awk  -F:  '{print $1,$7}'
```

```
                                                      // 提取之后
root /bin/bash
teacher /bin/bash
zhaoliu /bin/bash
```

上例中 awk 命令的作用是以冒号“:”作为分隔，输出第 1 和第 7 个区域的字符串。其中的“-F”部分用来指定分隔符号（未指定时，默认以空格或制表符分隔）。关于 awk 命令的更多用法，后续会详细讲解。

再例如，若要提取根分区（/）的磁盘使用率信息，可以执行以下操作，其中用到了 df、grep、awk 命令和管道操作。

```
[root@localhost ~]# df -hT                        // 提取之前
文件系统                          类型       容量    已用    可用    已用 %   挂载点
/dev/mapper/VolGroup-Lv_root    ext4      76G     4.6G    67G     7%      /
tmpfs                           tmpfs     506M    0       506M    0%      /dev/shm
/dev/sda1                       ext4      99M     12M     82M     13%     /boot
/dev/sr0                        iso9660   2.9G    2.9G    0       100%    /media/cdrom
[root@localhost ~]# df -hT | grep "/$" | awk '{print $6}'
                                                  // 提取之后其中 grep "/$" 表示提取以 "/" 结尾的行
7%
```

2. 重定向操作

Linux 系统使用文件来描述各种硬件、设备等资源，如以前学过的硬盘和分区、光盘等设备文件。用户通过操作系统处理信息的过程中，包括以下几类交互设备文件。

- 标准输入（STDIN）：默认的设备是键盘，文件编号为 0，命令将从标准输入文件中读取在执行过程中需要的输入数据。
- 标准输出（STDOUT）：默认的设备是显示器，文件编号为 1，命令将执行后的输出结果发送到标准输出文件。
- 标准错误（STDERR）：默认的设备是显示器，文件编号为 2，命令将执行期间的各种错误信息发送到标准错误文件。

标准输入、标准输出和标准错误默认使用键盘和显示器作为关联的设备，与操作系统进行交互，完成最基本的输入、输出操作。从键盘接收用户输入的各种命令字串、辅助控制信息，并将命令结果输出到屏幕上；如果命令执行出错，也会将错误信息反馈到屏幕上。

在实际的 Linux 系统维护中，可以改变输入、输出内容的方向，而不使用默认的标准输入、输出设备（键盘和显示器），这种操作称为“重定向”。

（1）重定向输入

重定向输入指的是将命令中接收输入的途径由默认的键盘改为指定的文件，而不是等待从键盘输入。重定向输入使用“<”操作符。

通过重定向输入可以使一些交互式操作过程能够通过读取文件来完成。例如，使用 passwd 命令为用户设置密码时，每次都必须根据提示输入两次密码字串，非常繁琐，若改用重定向输入将可以省略交互式的过程，而自动完成密码设置（结合 passwd 命令的“--stdin”选项来识别标准输入）。

```
[root@localhost ~]# vi pass.txt                          // 添加初始密码串内容“123456”
[root@localhost ~]# passwd --stdin jerry < pass.txt      // 从 pass.txt 文件中取密码
Changing password for user jerry.
passwd: all authentication tokens updated successfully.
```

没有交互式的操作语句更方便在 Shell 脚本程序中使用，可以大大减少程序被打断的过程，提高脚本执行的效率。

（2）重定向输出

重定向输出指的是将命令的正常输出结果保存到指定的文件中，而不是直接显示在显示器的屏幕上。重定向输出使用“>”或“>>”操作符号，分别用于覆盖或追加文件。

若重定向输出的目标文件不存在，则会新建该文件，然后将前面命令的输出结果保存到该文件中；若目标文件已经存在，则将输出结果覆盖或追加到文件中。例如，若要将当前主机的 CPU 类型信息（uname -p）保存到 kernel.txt 文件中，而不是直接显示在屏幕上，可以执行以下操作。

```
[root@localhost ~]# uname -p > kernel.txt
[root@localhost ~]# cat kernel.txt
x86_64
```

当需要保留目标文件原有的内容时，应改用“>>”操作符号，以便追加内容而不是全部覆盖。例如，执行以下操作可以将内核版本信息追加到 kernel.txt 文件中。

```
[root@localhost ~]# uname -r >> kernel.txt
[root@localhost ~]# cat kernel.txt
x86_64
2.6.32-431.el6.x86_64
```


（3）错误重定向

错误重定向指的是将执行命令过程中出现的错误信息（如选项或参数错误等）保存到指定的文件，而不是直接显示在屏幕上。错误重定向使用“2>”操作符，其中“2”是指错误文件的编号（在使用标准输出、标准输入重定向时，实际上省略了 1、0 编号）。

在实际应用中，错误重定向可用来收集程序执行的错误信息，为排错提供依据；对于 Shell 脚本，还可以将无关紧要的错误信息重定向到空文件 /dev/null 中，以保持脚本输出的简洁。例如，执行以下操作可以将使用 tar 命令进行备份时出现的错误信息保存到 error.log 文件中。

```
[root@localhost ~]# tar jcf /nonedir/etc.tgz /etc/ 2> error.log
[root@localhost ~]# cat error.log
tar: 从成员名中删除开头的 "/"
tar(child): /nonedir/etc.tgz: 无法 open: 没有那个文件或目录
tar(child): Error is not recoverable: exiting now
```

使用“2>”操作符时，会像使用“>”操作符一样覆盖目标文件的内容，若要追加内容而不是覆盖文件，应改用“2>>”操作符。

当命令输出的结果可能既包括标准输出（正常执行）信息，又包括错误输出信息时，可以使用操作符“>”“2>”将两类输出信息分别保存到不同的文件，也可以使用“&>”操作符将两类输出信息保存到同一个文件。例如，在编译源码包的自动化脚本中，若要忽略 make、make install 等操作过程信息，可以将其定向到空文件 /dev/null。

```
[root@localhost ~]# vi httpd_install.sh
#!/bin/bash
# 自动编译安装 httpd 服务器的脚本
cd /usr/src/httpd-2.2.17/
./configure --prefix=/usr/local/httpd --enable-so &> /dev/null
make &> /dev/null
make install &> /dev/null
……              // 省略部分内容
[root@localhost ~]# chmod +x httpd_install.sh
```

重定向与管道操作是 Shell 环境中十分常用的功能，若能够熟练掌握并灵活运用，将有助于编写代码简洁但功能强大的 Shell 脚本程序。

7.2 Shell 脚本变量揭秘

各种 Shell 环境中都使用到了“变量”的概念。Shell 变量用来存放系统和用户需要使用的特定参数（值），而且这些参数可以根据用户的设定或系统环境的变化而相应变化。通过使用变量，Shell 程序能够提供更加灵活的功能，适应性更强。

常见 Shell 变量的类型包括自定义变量、环境变量、位置变量、预定义变量。本节将分别介绍这四种 Shell 变量的使用。

7.2.1 自定义变量

自定义变量是由系统用户自己定义的变量，只在用户自己的 Shell 环境中有效，因此又称为本地变量。在编写 Shell 脚本程序时，通常会设置一些特定的自定义变量，以适应程序执行过程中的各种变化，满足不同的需要。

1. 定义新的变量

Bash 中的变量操作相对比较简单，不像其他高级编程语言（如 C/C++、Java 等）那么复杂。在定义一个新的变量时，一般不需要提前进行声明，而是直接指定变量名称并赋给初始值（内容）即可。

定义变量的基本格式为“变量名 = 变量值”，等号两边没有空格。变量名称需以字母或下划线开头，名称中不要包含特殊字符（如 +、-、*、/、.、?、%、&、# 等）。例如，若要定义一个名为“Product”的变量（值为 Weixin）和一个名为“Version”的变量（值为 6.0），可以执行以下操作。

```
[root@localhost ~]# Product=Weixin
[root@localhost ~]# Version=6.0
```

2. 查看和引用变量的值

通过在变量名称前添加前导符号“$”，可以引用一个变量的值。使用 echo 命令可以查看变量，可以在一条 echo 命令中同时查看多个变量值。

```
[root@localhost ~]# echo $Product
Weixin
[root@localhost ~]# echo $Product $Version
Weixin 6.0
```

当变量名称容易和紧跟其后的其他字符相混淆时，需要添加大括号“{ }”将其括起来，否则将无法确定正确的变量名称。对于未定义的变量，将显示为空值。

```
[root@localhost ~]# echo $Product4.5          // 变量 Product4 并未定义
.5
[root@localhost ~]# echo ${Product}4.5
Weixin4.5
```

3. 变量赋值的特殊操作

在等号“=”后边直接指定变量内容是为变量赋值的最基本方法，除此之外，还有一些特殊的赋值操作，可以更灵活地为变量赋值，以便适用于各种复杂的管理任务。

（1）双引号（"）

双引号主要起界定字符串的作用，特别是当要赋值的内容中包含空格时，必须以双引号括起来；其他情况下双引号通常可以省略。例如，若要将“Weixin 5.0”赋值给变量 Weixin，应执行“Weixin =" Weixin 5.0"”操作。

```
[root@localhost ~]# Weixin = Weixin 5.0          // 错误的赋值
-bash: 5.0: command not found
[root@localhost ~]# Weixin ="Weixin 5.0"         // 正确的赋值
[root@localhost ~]# echo $Weixin
Weixin 5.0
```

在双引号范围内，使用“$”符号可以引用其他变量的值（变量引用），从而能够直接调用现有变量的值来赋给新的变量。例如，执行以下操作可以调用变量 Version 的值，将其赋给一个新的变量 QQ，最终的值为“QQ 8.0”。

```
[root@localhost ~]# QQ="QQ $Version"          // 以变量的值进行赋值
[root@localhost ~]# echo $QQ
QQ 8.0
```

（2）单引号（'）

当要赋值的内容中包含“$”“"”“\”等具有特殊含义的字符时，应使用单引号括起来。在单引号的范围内，将无法引用其他变量的值，任何字符均作为普通字符看待。但赋值内容中包含单引号时，需使用“\'”符号进行转义，以免冲突。

```
[root@localhost ~]# QQ='QQ $Version'                //$ 符号不再能引用变量
[root@localhost ~]# echo $QQ                        // 原样输出字符串
QQ $Version
```

（3）反撇号（`）

反撇号主要用于命令替换，允许将执行某个命令的屏幕输出结果赋值给变量。反撇号括起来的范围内必须是能够执行的命令行，否则将会出错。例如，若要在一行命令中查找 tar 命令程序的位置并列出其详细属性，可以执行以下操作。

```
[root@localhost ~]# ls -lh `which useradd`
-rwxr-x---. 1 root root 101K 8 月 2 2011 /usr/sbin/useradd
```

上述操作相当于连续执行了两条命令——先通过 which useradd 命令查找出 useradd 命令的程序位置，然后根据查找结果列出文件属性。执行过程中，会用 which useradd 命令的输出结果替换整个反撇号范围。

再例如，若要提取 vsftpd 服务的封禁用户列表，并将其赋值给变量 DenyList，可以执行以下操作。

```
[root@localhost ~]# DenyList='grep -v "^#" /etc/vsftpd/ftpusers'
[root@localhost ~]# echo $DenyList
root bin daemon adm lp sync shutdown halt mail news uucp operator games nobody
```

需要注意的是，使用反撇号难以在一行命令中实现嵌套命令替换操作，这时可以改用“$()”来代替反撇号操作，以解决嵌套的问题。例如，若要查询提供 useradd 命令程序的软件包所安装的配置文件位置，可以执行以下操作（从里到外先后执行替换）。

```
[root@localhost ~]# rpm -qc $(rpm -qf $(which useradd))
/etc/default/useradd
/etc/login.defs
```

（4）read 命令

除了上述赋值操作以外，还可以使用 Bash 的内置命令 read 来给变量赋值。read 命令用来提示用户输入信息，从而实现简单的交互过程。执行时将从标准输入设备（键盘）读入一行内容，并以空格为分隔符，将读入的各字段挨个赋值给指定的变量（多余的内容赋值给最后一个变量）。若指定的变量只有一个，则将整行内容赋值给此变量。

例如，执行以下操作将会等待用户输入文字，并将输入的内容赋值给变量 ToDir1。

```
[root@localhost ~]# read ToDir1
/opt/backup/
[root@localhost ~]# echo $ToDir1
/opt/backup/
```

为了使交互式操作的界面更加友好，提高易用性，read 命令可以结合“-p”和“-t”选项来设置提示信息与输入等待时间（单位默认为秒），以便告知用户应该输入什么内容等相关事项和规定时间内未输入自动跳出。例如，若希望提示用户输入备份文件的存放目录，并将输入的路径信息赋值给变量 ToDir2，可以执行以下操作。

```
[root@localhost ~]# read -p " 请指定备份存放目录 :" ToDir2
请指定备份存放目录 :/opt/backup
[root@localhost ~]# echo $ToDir2
/opt/backup
```

4. 设置变量的作用范围

默认情况下，新定义的变量只在当前的 Shell 环境中有效，因此称为局部变量。当进入子程序或新的子 Shell 环境时，局部变量将无法再使用。例如，直接执行 Bash 进入一个新的子 Shell 脚本后，将无法引用父级 Shell 环境中定义的 Product、Version 等变量。

```
[root@localhost ~]# echo "$Product $Version"       // 查看当前定义的变量值
Weixin 5.0
[root@localhost ~]# bash                           // 进入子 Shell 环境
[root@localhost ~]# echo "$Product $Version"
                                                   // 无法调用父 Shell 环境中的变量
[root@localhost ~]# exit                           // 返回原有的 Shell 环境
```

为了使用户定义的变量在所有的子 Shell 环境中能够继续使用，减少重复设置工作，可以通过内部命令 Export 将指定的变量导出为“全局变量”。可以同时指定多个变量名称作为参数（不需使用“$”符号），变量名之间以空格分隔。

```
[root@localhost ~]# echo "$Product $Version"       // 查看当前定义的变量值
Weixin 5.0
[root@localhost ~]# export Product Version         // 将 Product、Version 设为全局变量
[root@localhost ~]# bash                           // 进入子 Shell 环境
[root@localhost ~]# echo "$Product $Version"
Weixin 5.0                                         // 可以调用父 Shell 的全局变量
[root@localhost ~]# exit                           // 返回原有的 Shell 环境
```

使用 export 导出全局变量的同时，也可以为变量进行赋值，这样在新定义全局变量时就不需要提前进行赋值了。例如，执行以下操作可以直接新建一个名为 KGC 的全局变量。

```
[root@localhost ~]# export KGC="www.kgc.cn"
[root@localhost ~]# echo $KGC
www.kgc.cn
```

5. 数值变量的运算

Shell 变量的数值运算多用于脚本程序的过程控制（如循环次数、使用量比较等，后续章节会介绍）。在 Bash Shell 环境中，只能进行简单的整数运算，不支持小数运算。

整数值的运算主要通过内部命令 expr 进行，基本格式如下所示。需要注意，运算符与变量之间必须有至少一个空格。

```
expr 变量 1 运算符 变量 2 [ 运算符 变量 3]…
```

其中，变量 1、变量 2……对应为需要计算的数值变量（需要以“$”符号调用），常用的几种运算符如表 7-1 所示。

表 7-1

运算符	意义
++ --	增加及减少，可前置也可放到结尾
* / %	乘法、除法、取余
+ −	加法、减法
< <= > >=	比较符号
== ! =	等于与不等于
&	位的与
^	位的异或
|	位的或
&&	逻辑的与
||	逻辑的或
? :	条件表达式
= += -= *= /= %= &= ^= <<= >>= |=	赋值运算符 a+=1 相当于 a=a+1

需要注意的是乘法运算，注意不能仅使用“*”符号，否则将被当成文件通配符。以下操作设置了 X（值为 35）、Y（值为 16）两个变量，并依次演示了变量 X、Y 的加、减、乘、除、取模运算结果。

```
[root@localhost ~]# X=35
[root@localhost ~]# Y=16
[root@localhost ~]# expr $X + $Y
51
[root@localhost ~]# expr $X - $Y
19
[root@localhost ~]# expr $X \* $Y
560
[root@localhost ~]# expr $X / $Y
2
[root@localhost ~]# expr $X % $Y
3
```

若要将运算结果赋值给其他变量，可以结合命令替换操作（使用反撇号）。例如，计算变量 Y 的 3 次方，并将结果赋值给变量 Ycube。

```
[root@localhost ~]# Ycube=`expr $Y \* $Y \* $Y`
[root@localhost ~]# echo $Ycube
4096
```

使用 expr 进行计算的时候，变量必须是整数，不能是字符串，也不能含小数，否则会出错（命令的退出状态为非 0），如下所示：

```
[root@localhost ~]# i=hei
[root@localhost ~]# expr $i + 58expr: non-integer argument   ### 报错显示：非整数参数
[root@localhost ~]#echo $?
```

除了 expr 命令之外，变量数值常见的命令还包括：(())、let 等。如果要执行简单的整数运算，只需要将特定对的算术表达式用“$((”和“))”括起来即可。

```
[root@localhost ~]# bb=$((1+2**3-4))
[root@localhost ~]# echo $bb
5
[root@localhost ~]# echo $((1+2**3-4))
5
```

上面涉及到的参数变量必须为整数（整型），不能是小数或是字符串。

7.2.2 特殊变量

除了用户自行定义的 Shell 变量以外，在 Linux 系统和 Bash Shell 环境中还有一系列的特殊变量——环境变量、位置变量、预定义变量。下面分别进行介绍。

1. 环境变量

环境变量指的是出于运行需要而由 Linux 系统提前创建的一类变量，主要用于设置用户的工作环境，包括用户宿主目录、命令查找路径、用户当前目录、登录终端等。环境变量的值由 Linux 系统自动维护，会随着用户状态的改变而改变。

使用 env 命令可以查看到当前工作环境下的环境变量，对于常见的一些环境变量应了解其各自的用途。例如，变量 USER 表示用户名称，HOME 表示用户的宿主目录，LANG 表示语言和字符集，PWD 表示当前所在的工作目录，PATH 表示命令搜索路径等。

```
[root@localhost ~]# env                        // 选取部分内容
USER=root
HOME=/root
HOSTNAME=localhost.localdomain
LANG=zh_CN.UTF-8
PATH=/usr/local/sbin:/usr/local/bin:/usr/sbin:/usr/bin:/root/bin
PWD=/root
SHELL=/bin/bash
```

PATH 变量用于设置可执行程序的默认搜索路径，当仅指定文件名称来执行命令程序时，Linux 系统将在 PATH 变量指定的目录范围查找对应的可执行文件，如果找不到则会提示“command not found”。例如，first.sh 脚本位于 /root 目录下，若希望能直接通过文件名称来运行脚本，可以修改 PATH 变量以添加搜索路径，或者将 first.sh 脚本复制到现有搜索路径中的某个文件夹下。

```
[root@localhost ~]# ls -lh /root/first.sh                    // 确认脚本位置
-rwxr-xr-x. 1 root root 145 6 月  5  19:11   /root/first.sh
[root@localhost ~]# echo $PATH                               // 查看当前搜索路径
/usr/local/sbin:/usr/local/bin:/usr/sbin:/usr/bin:/root/bin
[root@localhost ~]# first.sh                                 // 直接执行时找不到命令
-bash: first.sh: command not found
[root@localhost ~]# PATH="$PATH:/root"                       // 将 /root 添加到搜索路径
[root@localhost ~]# echo $PATH                               // 查看修改后的搜索路径
/usr/local/sbin:/usr/local/bin:/usr/sbin:/usr/bin:/root/bin:/root
[root@localhost ~]# first.sh                                 // 直接以文件名运行脚本
当前的目录位于：
/boot
```

其中以 vml 开头的文件包括：

```
-rwxr-xr-x. 1 root root 5.2M 1 月  17 03:58 vmlinuz-0-rescue-843892cc2dc44f6d866ba13685058735
-rwxr-xr-x. 1 root root 5.2M 11 月 23 00:53 vmlinuz-3.10.0-514.el7.x86_64
```

在 Linux 系统中，环境变量的全局配置文件为 /etc/profile，在此文件中定义的变量作用于所有用户。除此之外，每个用户还有自己的独立配置文件（～/.bash_profile）。若要长期变更或设置某个环境变量，应在上述文件中进行设置。例如，执行以下操作可以将记录的历史命令条数改为 200 条（默认为 1000 条），只针对 root 用户。

```
[root@localhost ~]# vi /root/.bash_profile
……              // 省略部分内容
export HISTSIZE=200
```

上述修改只有当 root 用户下次登录时才会生效。若希望立即生效，应手动修改环境变量，或者可以加载配置文件执行。

```
[root@localhost ~]# history | wc -l
1000                                              // 已经记录的历史命令条数
[root@localhost ~]# source /root/.bash_profile    // 读取并执行文件中的设置
[root@localhost ~]# history | wc -l
200                                               // 修改后的历史命令条数
```

2. 位置变量

为了在使用 Shell 脚本程序时，方便通过命令行为程序提供操作参数，Bash 引入了位置变量的概念。当执行命令行操作时，第一个字段表示命令名或脚本程序名，其余的字符串参数按照从左到右的顺序依次赋值给位置变量。

位置变量也称为位置参数，使用 $1、$2、$3、…、$9 表示。例如，当执行命令行“ls

-lh /boot/” 时，其中第 1 个位置变量为“-lh”，以“$1”表示；第 2 个位置变量为“/boot/”，以“$2”表示。命令或脚本本身的名称使用“$0”表示，虽然 $0 与位置变量的格式相同，但是 $0 属于预定义变量而不是位置变量。

为了说明位置变量的作用，下面编写一个加法运算的小脚本 adder2num.sh，用来计算两个整数的和。需要计算的两个整数在执行脚本时以位置变量的形式提供。

```
[root@localhost ~]# vi adder2num.sh
#!/bin/bash
SUM='expr $1 + $2'
echo "$1 + $2 = $SUM"
[root@localhost ~]# chmod +x adder2num.sh
[root@localhost ~]# ./adder2num.sh 12 34            //$1 为 12、$2 为 34 的情况
12 + 34 = 46
[root@localhost ~]# ./adder2num.sh 56 78            //$1 为 56、$2 为 78 的情况
56 + 78 = 134
```

3. 预定义变量

预定义变量是由 Bash 程序预先定义好的一类特殊变量，用户只能使用预定义变量，而不能创建新的预定义变量，也不能直接为预定义变量赋值。预定义变量使用“$”符号和另一个符号组合表示，较常用的几个预定义变量的含义如下。

- $#：表示命令行中位置参数的个数。
- $*：表示所有位置参数的内容。
- $?：表示前一条命令执行后的返回状态，返回值为 0 表示执行正确，返回任何非 0 值均表示执行出现异常。关于 $? 变量的使用将在下一章介绍。
- $0：表示当前执行的脚本或程序的名称。

为了说明预定义变量的作用，下面编写一个备份操作的小脚本，用来打包命令行指定的多个文件或目录，并输出相关信息。其中，新建的压缩包文件名称中嵌入秒数（从 1970 年 1 月 1 日至今经过的秒数），通过“date +%s”命令获取秒刻时间。

```
[root@localhost ~]# vi mybak.sh
#!/bin/bash
TARFILE=beifen-'date +%s'.tgz
tar zcf $TARFILE $* &> /dev/null
echo " 已执行 $0 脚本 ,"
echo " 共完成 $# 个对象的备份 "
echo " 具体内容包括 : $*"
[root@localhost ~]# chmod +x mybak.sh
[root@localhost ~]# ./mybak.sh /boot/grub                    // 备份一个对象的情况
已执行 ./mybak.sh 脚本 ,
共完成 1 个对象的备份
具体包括 :/boot/grub
```

```
[root@localhost ~]# ./mybak.sh /etc/passwd /etc/shadow        // 备份两个对象的情况
已执行 ./mybak.sh 脚本，
共完成 2 个对象的备份
具体包括 :/etc/passwd /etc/shadow
[root@localhost ~]# ls -lh beifen-*                    // 确认备份结果
-rw-r--r--. 1 root root 118K 6 月 5 21:51 beifen-1401972022.tgz
-rw-r--r--. 1 root root 1.6K 6 月 5 21:51 beifen-1401972038.tgz
```

本章总结

- Shell 脚本的内容构成：环境声明、注释文字、执行语句。
- 重定向包括重定向输入、重定向输出、错误重定向。
- 定义或赋值变量时，采用“变量名=变量值”的格式。赋值操作还可使用单引号、双引号、反撇号、read 命令等方式。
- 查看或引用变量的值时，采用“$ 变量名”的格式。
- 常见的特殊变量包括环境变量、位置变量、预定义变量。

本章作业

1．简述一个完整的 Shell 脚本由哪些内容构成。

2．简述在 Shell 变量应用中单引号、双引号、反撇号的用途。

3．过滤出本机 eth0 网卡的 MAC 地址，并赋值给变量 HWaddr。

4．编写一个小脚本程序 sumsquare.sh，用来计算两个整数的平方和。例如，当执行“sumsquare. sh 3 4”命令时，输出结果为 25；当执行“sumsquare.sh 5 6”命令时，输出结果为 61。

5．编写一个小脚本程序 memusage.sh，根据 Free 命令的结果计算内存占用率。

提示：在 Linux 系统中，实际的内存使用情况建议以已占用的 Buffers/Cache 为准，计算占总内存空间的比值。另外，由于 Bash Shell 不支持小数运算，而使用率百分比小于 1，因此需要将分子乘以 100 以后再计算结果。

6．用课工场 APP 扫一扫，完成在线测试，快来挑战吧！

随手笔记

第8章

Shell 编程之条件语句

技能目标

- 掌握 Shell 脚本条件测试
- 掌握 if 语句编程

本章导读

在简单的 Shell 脚本程序中，各条语句将按先后顺序依次执行，从而实现批处理的自动化过程。然而，单一的顺序结构使得脚本过于机械化，不够“智能”，难以处理更加灵活的系统任务。

本章将学习如何进行条件测试操作，并通过正确使用 if 语句，使 Shell 脚本具有一定的“判断”能力，以根据不同的条件来完成不同的管理任务。

知识服务

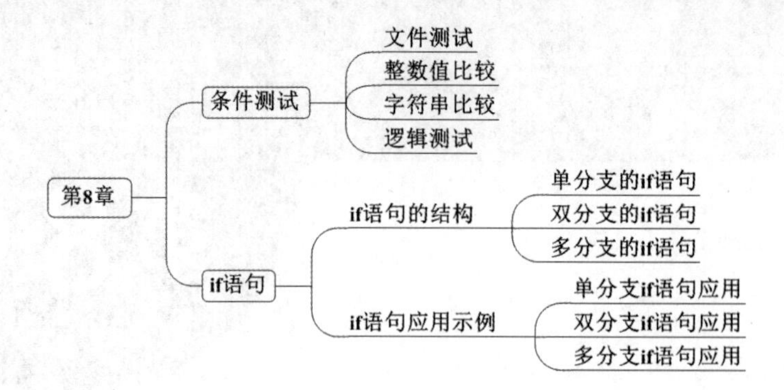

8.1 条件测试

要使 Shell 脚本程序具备一定的“智能”，面临的第一个问题就是如何区分不同的情况以确定执行何种操作。例如，当磁盘使用率超过 95% 时发送警告信息；当备份目录不存在时能够自动创建；当源码编译程序时若配置失败则不再继续安装等。

Shell 环境根据命令执行后的返回状态值（$?）来判断是否执行成功，当返回值为 0 时表示成功，否则（非 0 值）表示失败或异常。使用专门的测试工具——test 命令，可以对特定条件进行测试，并根据返回值来判断条件是否成立（返回值为 0 表示条件成立）。

使用 test 测试命令时，包括以下两种形式。

```
test 条件表达式
```

或者

```
[ 条件表达式 ]
```


这两种方式的作用完全相同，但通常后一种形式更为常用，也更贴近编程习惯。需要注意的是，方括号“[”或者“]”与条件表达式之间需要至少一个空格进行分隔。

根据需要测试的条件类别不同，条件表达式也不同。比较常用的条件操作包括文件测试、整数值比较、字符串比较，以及针对多个条件的逻辑测试，下面分别进行介绍。

1. 文件测试

文件测试指的是根据给定的路径名称，判断对应的是文件还是目录，或者判断文件是否可读、可写、可执行等。文件测试的常见操作选项如下，使用时将测试对象放在操作选项之后即可。

- -d：测试是否为目录（Directory）。
- -e：测试目录或文件是否存在（Exist）。
- -f：测试是否为文件（File）。
- -r：测试当前用户是否有权限读取（Read）。
- -w：测试当前用户是否有权限写入（Write）。

- -x：测试是否设置有可执行（Excute）权限。

执行条件测试操作以后，通过预定义变量“$?”可以获得测试命令的返回状态值，从而判断该条件是否成立。例如，执行以下操作可测试目录 /media/cdrom 是否存在，如果返回值 $? 为 0，表示存在此目录，否则表示不存在或者虽然存在但不是目录。

```
[root@localhost ~]# [ -d /media/cdrom ]
[root@localhost ~]# echo $?                    // 查看前一命令的返回值
0                                              // 返回 0 表示条件成立
```

若测试的条件不成立，则测试操作的返回值将不为 0（通常为 1）。例如，执行以下操作展示了测试不存在目录的情况。

```
[root@localhost ~]# [ -d /media/cdrom/Server ]
[root@localhost ~]# echo $?                    // 查看前一命令的返回值
1                                              // 返回 1 表示条件不成立
```

通过查看变量“$?”变量的值可以判断前一步的条件测试结果，但是操作比较繁琐，输出结果也并不是很直观。为了更直观地查看测试结果，可以结合命令分隔符“&&”和 echo 命令一起使用，当条件成立时直接输出“YES”。其中，“&&”符号表示“而且”的关系，只有当前面的命令执行成功后才会执行后面的命令，否则后面的命令将会被忽略。例如，上述目录测试操作可以改写如下。

```
[root@localhost ~]# [ -d /media/cdrom/Server ] && echo "YES"
                                               // 无输出表示该目录不存在
[root@localhost ~]# [ -d /media/cdrom ] && echo "YES"
YES                                            // 输出“YES”表示该目录存在
```

使用 [[]] 也可以进行条件测试，下面的命令可以判断当前目录下是否存在名为 kgc 的文件。当输出结果为“0”时表示文件不存在，当输出结果为“1”时表示文件存在。

```
[root@localhost ~]# [[ -f kgc ]] && echo 1 || echo 0
0
[root@localhost ~]# touch kgc
[root@localhost ~]# [[ -f kgc ]] && echo 1 || echo 0
1
```

test 命令中用于判断文件的选项有很多，从文件个数上分类的话，可以分为单个文件的判断和两个文件之间的比较。其中判断单个文件最常用的选项就是“-f”选项，在比较两个文件时，常用的选项有：

- -nt：判断文件 A 是否比文件 B 新。
- -ot：判断文件 A 是否比文件 B 旧。
- -ef：判断两个文件是否为同一个文件，用来判断两个文件是否指向同一个 inode。

```
[root@localhost ~]# touch a
[root@localhost ~]# touch b
```

```
[root@localhost ~]# test a -ot b && echo 1 || echo 0
1
[root@localhost ~]# test a -ef b && echo 1 || echo 0
0
[root@localhost ~]# ln a c
[root@localhost ~]# test a -ef c && echo 1 || echo 0
1
```

2. 整数值比较

整数值比较指的是根据给定的两个整数值，判断第一个数与第二个数的关系，如是否大于、等于、小于第二个数。整数值比较的常用操作选项如下，使用时将操作选项放在要比较的两个整数之间。

- -eq：第一个数等于（Equal）第二个数。
- -ne：第一个数不等于（Not Equal）第二个数。
- -gt：第一个数大于（Greater Than）第二个数。
- -lt：第一个数小于（Lesser Than）第二个数。
- -le：第一个数小于或等于（Lesser or Equal）第二个数。
- -ge：第一个数大于或等于（Greater or Equal）第二个数。

整数值比较在 Shell 脚本编写中的应用较多。例如，用来判断已登录用户数量、开启进程数、磁盘使用率是否超标，以及软件版本号是否符合要求等。实际使用时，往往会通过变量引用、命令替换等方式来获取一个数值。

例如，若要判断当前已登录的用户数，当超过 5 个时输出“Too many.”，可以执行以下操作。其中，已登录用户数可通过“who | wc -l”命令获得，以命令替换方式嵌入。

```
[root@localhost ~]#  Unum='who | wc -l'                    //查看当前已登录用户数

[root@localhost ~]# [ $Unum -gt 5 ] && echo "Too many."     //测试结果（大于）
Too many.
```

再例如，若要判断当前可用的空闲内存（buffers/cache）大小，当低于 1024MB 时输出具体数值，可以执行以下操作。其中，“free -m”命令表示以 MB 为单位输出内存信息，提取的空闲内存数值通过命令替换赋值给变量 FreeCC。

```
[root@localhost ~]# FreeCC=$(free -m | grep "cache:" | awk '{print $4}')
[root@localhost ~]# [ $FreeCC -lt 1024 ] && echo ${FreeCC}MB
864MB
```

3. 字符串比较

字符串比较通常用来检查用户输入、系统环境等是否满足条件，在提供交互式操作的 Shell 脚本中，也可用来判断用户输入的位置参数是否符合要求。字符串比较常用的操作选项如下。

- =：第一个字符串与第二个字符串相同。

- !=：第一个字符串与第二个字符串不相同，其中“!”符号表示取反。
- -z：检查字符串是否为空（Zero），对于未定义或赋予空值的变量将视为空串。

例如，若要判断当前系统的语言环境，当发现不是“en.US”时输出提示信息“Not en.US”，可以执行以下操作。

```
[root@localhost ~]# echo $LANG                    // 查看当前的语言环境
zh_CN.UTF-8
[root@localhost ~]# [ $LANG != "en.US" ] && echo "Not en.US"
                                                  // 字符串测试结果（不等于）
Not en.US
```

再例如，在 Shell 脚本应用中，经常需要用户输入“yes”或“no”来确认某个任务。以下操作展示了确认交互的简单过程，当然，实际使用时还会根据变量“ACK”的取值分别执行进一步的操作。

```
[root@localhost ~]# read -p " 是否覆盖现有文件 (yes/no)?" ACK
是否覆盖现有文件 (yes/no)?yes
[root@localhost ~]# [ $ACK = "yes" ] && echo " 覆盖 "
覆盖
[root@localhost ~]# read -p " 是否覆盖现有文件 (yes/no)?" ACK
是否覆盖现有文件 (yes/no)?no
[root@localhost ~]# [ $ACK = "no" ] && echo " 不覆盖 "
不覆盖
```

4. 逻辑测试

逻辑测试指的是判断两个或多个条件之间的依赖关系。当系统任务取决于多个不同的条件时，判断是根据这些条件同时成立还是只要有其中一个成立等情况，需要有一个测试的过程。常用的逻辑测试操作如下，使用时放在不同的测试语句或命令之间。

- &&：逻辑与，表示“而且”，只有当前后两个条件都成立时，整个测试命令的返回值才为 0（结果成立）。使用 Test 命令测试时，“&&”可改为“-a”。
- ||：逻辑或，表示“或者”，只要前后两个条件中有一个成立，整个测试命令的返回值即为 0（结果成立）。使用 Test 命令测试时，“||”可改为“-o”。
- !：逻辑否，表示“不”，只有当指定的条件不成立时，整个测试命令的返回值才为 0（结果成立）。

在上述逻辑测试的操作选项中，“&&”和“||”通常也用于间隔不同的命令操作，其作用是相似的。实际上此前已经接触过“&&”操作的应用，如“make && make install”的编译安装操作。

例如，若要判断当前 Linux 系统的内核版本是否大于 2.4，可以执行以下操作。其中，内核版本号通过 uname 和 awk 命令获得。

```
[root@localhost ~]# uname -r                                  // 查看内核版本信息
2.6.18-194.el5
[root@localhost ~]# Mnum=$(uname -r | awk -F. '{print $1}')   // 取主版本号
```

```
[root@localhost ~]# Snum=$(uname -r | awk -F. '{print $2}')           //取次版本号
[root@localhost ~]# [ $Mnum -eq 2 ] && [ $Snum -gt 4 ] && echo " 符合要求 "
符合要求
```

8.2 if 语句

通过上一节中的条件测试操作，实际上使用“&&”和“||”逻辑测试已经可以完成简单的判断并执行相应的操作，但是当需要选择执行的命令语句较多时，这种方式将使执行代码显得很复杂，不好理解。而使用专用的 if 条件语句，可以更好地整理脚本结构，使得层次分明，清晰易懂。

8.2.1 if 语句的结构

在 Shell 脚本应用中，if 语句是最为常用的一种流程控制方式，用来根据特定的条件测试结果，分别执行不同的操作（如果……那么……）。根据不同的复杂程度，if 语句的选择结构可以分为三种基本类型，适用于不同的应用场合。

1. 单分支的 if 语句

if 语句的“分支”指的是不同测试结果所对应的执行语句（一条或多条）。对于单分支的选择结构，只有在“条件成立”时才会执行相应的代码，否则不执行任何操作。单分支 if 语句的语法格式如下所示。

```
if 条件测试操作
then
    命令序列
fi
```


在上述语句结构中，条件测试操作即“[条件表达式]”语句，也可以是其他可执行的命令语句；命令序列指的是一条或多条可执行的命令行，也包括嵌套使用的 if 语句或其他流程控制语句。

单分支 if 语句的执行流程：首先判断条件测试操作的结果，如果返回值为 0，表示条件成立，则执行 then 后面的命令序列，一直到遇见 fi 结束判断为止，继续执行其他脚本代码；如果返回值不为 0，则忽略 then 后面的命令序列，直接跳至 fi 行以后执行其他脚本代码，如图 8.1 所示。

2. 双分支的 if 语句

对于双分支的选择结构，要求针对“条件成立”“条件不成立”两种情况分别执行不同的操作。双分支 if 语句的语法格式如下所示。

```
if 条件测试操作
then
```

```
    命令序列 1
else
    命令序列 2
fi
```

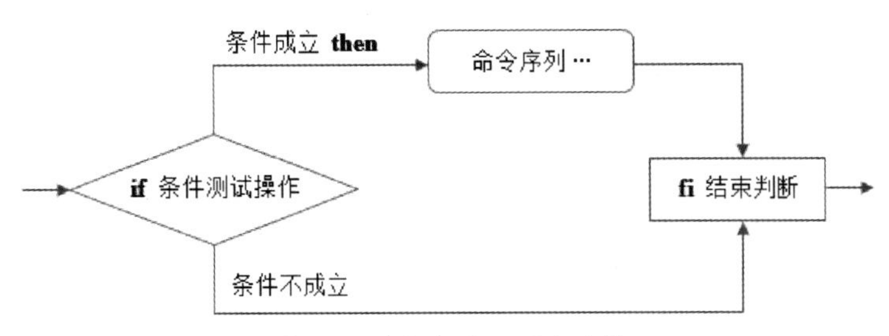

图 8.1　单分支的 if 语句结构

双分支 if 语句的执行流程：首先判断条件测试操作的结果，如果条件成立，则执行 then 后面的命令序列 1，忽略 else 及后面的命令序列 2，直到遇见 fi 结束判断；如果条件不成立，则忽略 then 及后面的命令序列 1，直接跳至 else 后面的命令序列 2 并执行，直到遇见 fi 结束判断，如图 8.2 所示。

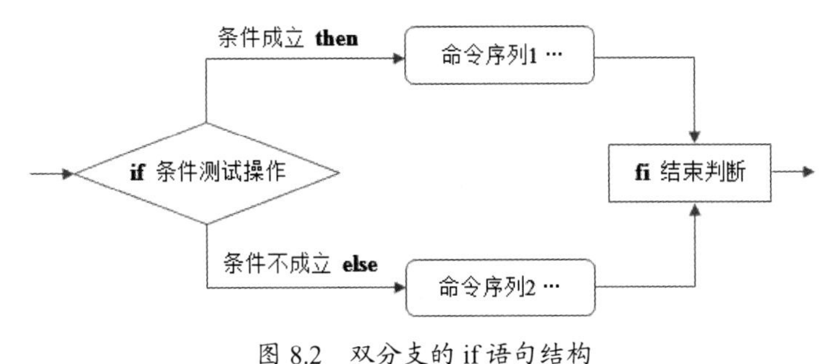

图 8.2　双分支的 if 语句结构

3. 多分支的 if 语句

由于 if 语句可以根据测试结果的成立、不成立分别执行操作，所以能够嵌套使用，进行多次判断。例如，首先判断某学生的得分是否及格，若及格则再次判断是否高于 90 分等。多分支 if 语句的语法格式如下。

```
if 条件测试操作 1
then
    命令序列 1
elif 条件测试操作 2
then
    命令序列 2
else
    命令序列 3
fi
```

上述语句结构中只嵌套了一个 elif 语句作为示例，实际上可以嵌套多个。if 语句的嵌套在编写 Shell 脚本时并不常用，因为多重嵌套容易使程序结构变得复杂。当确实需要使用多分支的程序结构时，采用 case 语句（下一章介绍）更加方便。

多分支 if 语句的执行流程：首先判断条件测试操作 1 的结果，如果条件 1 成立，则执行命令序列 1，然后跳至 fi 结束判断；如果条件 1 不成立，则继续判断条件测试操作 2 的结果，如果条件 2 成立，则执行命令序列 2，然后跳至 fi 结束判断……如果所有的条件都不满足，则执行 else 后面的命令序列 n，直到遇见 fi 结束判断，如图 8.3 所示。

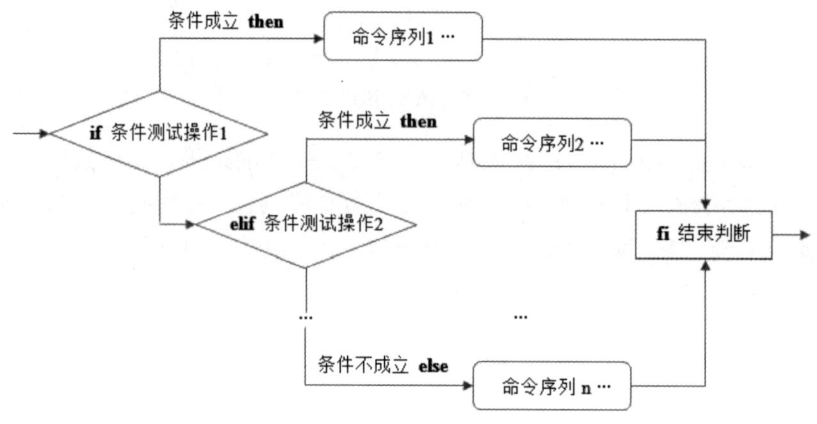

图 8.3　多分支的 if 语句结构

8.2.2　if 语句应用示例

为了进一步理解 if 语句结构和流程，掌握 if 语句在 Shell 脚本中的实际使用，下面针对不同分支的 if 语句讲解几个脚本实例。

1．单分支 if 语句应用

很多 Linux 用户习惯上将光盘设备挂载到 /media/cdrom 目录下，但 RHEL 6 系统默认并没有建立此目录。若需要在 Shell 脚本中执行挂载光盘的操作，建议先判断挂载点目录是否存在，若不存在则新建此目录。

```
[root@localhost ~]# vi chkmountdir.sh
#!/bin/bash
MOUNT_DIR="/media/cdrom/"
if [ ! -d $MOUNT_DIR ]
then
   mkdir -p $MOUNT_DIR
fi
[root@localhost ~]# chmod +x chkmountdir.sh
[root@localhost ~]# ./chkmountdir.sh
```

再例如，有些特权命令操作要求以 root 用户执行，如果当前用户不是 root，那么再执行这些命令就没有必要（肯定会失败）。针对这种情况，在脚本中可以先判断当前用户是不是 root，如果不是则报错并执行“exit 1”退出脚本（1 表示退出后的返回状态值），而不再执行其他代码。

```
[root@localhost ~]# vi /opt/chkifroot.sh
#!/bin/bash
if [ "$USER" != "root" ]
then
   echo " 错误 : 非 root 用户 , 权限不足 !"
   exit 1
fi
fdisk -l /dev/sda
[root@localhost ~]# chmod +x /opt/chkifroot.sh
```

当普通用户执行 chkifroot.sh 脚本时，由于“非 root 用户”的条件成立，因此会提示权限不足并退出脚本（使用“exit 1”退出脚本后，fi 之后的 fdisk 命令将不会执行）。

```
[jerry@localhost ~]$ /opt/chkifroot.sh
错误 : 非 root 用户 , 权限不足 !
[jerry@localhost ~]$
```

当 root 用户执行 chkifroot.sh 脚本时，由于“非 root 用户”的条件不成立，所以 if 语句不执行任何操作，正常执行 fi 之后的脚本代码。

```
[root@localhost ~]# /opt/chkifroot.sh
……              // 省略部分内容
Device Boot     Start    End      Blocks       Id      System
/dev/sda1   *   1        13       104391       83      Linux
/dev/sda2       14       10443    83778975     8e      Linux LVM
```


2. 双分支 if 语句应用

双分支 if 语句只是在单分支的基础上针对“条件不成立”的情况执行另一种操作，而不是“坐视不管”地不执行任何操作。例如，若要编写一个连通性测试脚本 pinghost.sh，通过位置参数 $1 提供目标主机地址，然后根据 ping 检测结果给出相应的提示，可以参考以下操作过程。

```
[root@localhost ~]# vi pinghost.sh
#!/bin/bash
ping -c 3 -i 0.2 -W 3 $1 &> /dev/null          // 检查目标主机是否能连通
if [ $? -eq 0 ]                                 // 判断前一条命令的返回状态
then
   echo "Host $1 is up."
else
```

```
    echo "Host $1 is down."
fi
[root@localhost ~]# chmod +x pinghost.sh
```

在上述脚本代码中，为了提高 ping 命令的测试效率，使用了“-c”“-i”“-W”选项，分别指定只发送三个测试包、间隔 0.2 秒、超时 3 秒。另外，通过“&> /dev/null”屏蔽了 ping 命令执行过程的输出信息。执行 pinghost.sh 脚本的效果如下所示。

```
[root@localhost ~]# ./pinghost.sh 192.168.4.11        // 测试已开启的主机
Host 192.168.4.11 is up.
[root@localhost ~]# ./pinghost.sh 192.168.4.13        // 测试已关闭的主机
Host 192.168.4.13 is down.
```

再例如，通过 Shell 脚本检查 vsftpd 服务是否运行，如果已经运行则列出其监听地址、PID 号，否则输出提示“警告：vsftpd 服务不可用！”。其中，pgrep 命令的“-x”选项表示查找时使用精确匹配。

```
[root@localhost ~]# vi chkftpd.sh
#!/bin/bash
/etc/init.d/vsftpd status &> /dev/null
if [ $? -eq 0 ]
then
    echo " 监听地址 :$(netstat -anpt | grep vsftpd | awk '{print $4}')"
    echo " 进程 PID 号 :$(pgrep -x vsftpd)"
else
    echo " 警告 :vsftpd 服务不可用 !"
fi
[root@localhost ~]# chmod +x chkvsftpd.sh
```

执行 chkvsftpd.sh 脚本的效果如下所示。

```
[root@localhost ~]# ./chkvsftpd.sh              // 未启动 vsftpd 时的结果
警告 :vsftpd 服务不可用 !
[root@localhost ~]# /etc/init.d/vsftpd start
为 vsftpd 启动 vsftpd:                          [ 确定 ]
[root@localhost ~]# ./chkvsftpd.sh              // 已启动 vsftpd 时的结果
监听地址 :0.0.0.0:21
进程 PID 号 :10335
```

3. 多分支 if 语句应用

与单分支、双分支的 if 语句相比，多分支 if 语句的实际应用并不多见。这种结构能够根据多个互斥的条件分别执行不同的操作，实际上等同于嵌套使用的 if 语句。例如，若要编写一个成绩分档的脚本 gradediv.sh，根据输入的考试分数不同来区分优秀、合格、不合格三档，可参考以下操作过程。

```
[root@localhost ~]# vi gradediv.sh
#!/bin/bash
```

```
read -p " 请输入您的分数 (0-100):" GRADE
if [ $GRADE -ge 85 ] && [ $GRADE -le 100 ]        //85 ～ 100 分，优秀
then
  echo "$GRADE 分 ! 优秀 "
elif [ $GRADE -ge 70 ] && [ $GRADE -le 84 ]        //70 ～ 84 分，合格
then
  echo "$GRADE 分 , 合格 "
else
  echo "$GRADE 分 ? 不合格 "                        // 其他分数，不合格
fi
[root@localhost ~]# chmod +x gradediv.sh
```

执行 gradediv.sh 脚本的效果如下所示。

```
[root@localhost ~]# ./gradediv.sh
请输入您的分数 (0-100):67
67 分 ? 不合格
[root@localhost ~]# ./gradediv.sh
请输入您的分数 (0-100):78
78 分 , 合格
[root@localhost ~]# ./gradediv.sh
请输入您的分数 (0-100):89
89 分 ! 优秀
```

本章总结

- 使用 [ ] 或 test 命令可以执行条件测试操作，包括字符串和整数的比较、逻辑测试和文件测试等。
- 整数比较操作符包括 -gt、-ge、-eq、-lt、-le、-ne。
- 常用的字符串比较操作符包括 =、!=、-z。
- 逻辑测试操作符包括 &&、||、!。
- 执行命令或程序后会返回一个状态值，若返回值为 0，表示执行成功；若不为 0，则表示执行失败或出现异常。
- 通过使用 if 语句，可以根据条件有选择地执行不同操作，选择类型包括单分支、双分支、多分支。

本章作业

1. 简述用于整数值比较的常用操作符及其含义。
2. 简述逻辑测试的常用操作及其含义。
3. 简述单分支、双分支 if 语句的执行流程。

4．编写一个名为 chkversion.sh 的脚本，判断当前系统的内核主、次版本，若大于 2.4 则输出相应的版本信息；否则输出提示“内核版本太低，无法继续”。

5．编写一个名为 chkinstall.sh 的脚本，判断系统中 sysstat 软件包的安装情况，如果已经安装则提示“已安装”，并输出 sysstat 的版本信息；否则输出提示“未安装，尝试自动安装”，并访问光盘挂载点 /media/cdrom，自动安装 sysstat 软件包。

6．用课工场 APP 扫一扫，完成在线测试，快来挑战吧！

第9章

Shell 编程之 case 语句与循环语句

技能目标

- 掌握 case 语句编程
- 掌握 for 循环语句编程
- 掌握 while 循环语句编程
- 掌握 Shell 函数应用
- 掌握 Shell 脚本调试

本章导读

除了上一章学习的 if 条件语句之外，作为一种脚本编程语言，Shell 同样包含循环、分支等其他程序控制结构，从而能够轻松完成更加复杂的工作，具有强大的功能。本章将学习 case、for、while 语句的具体应用。

知识服务

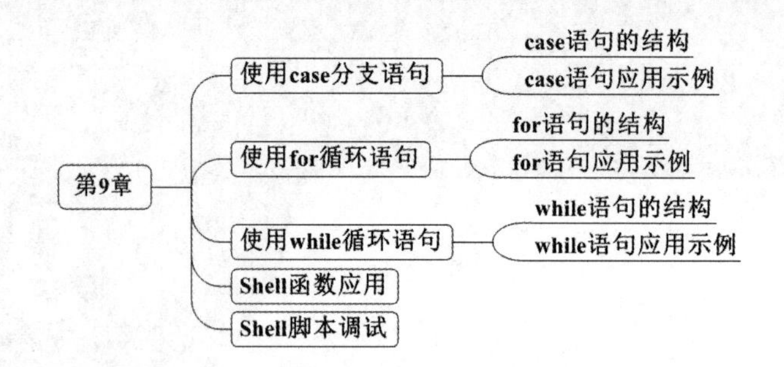

9.1 使用 case 分支语句

上一章学习多分支的 if 语句时，曾经提到过改用 case 语句可以使脚本程序的结构更加清晰、层次分明，本节就来学习 case 语句的语法结构及应用。

1. case 语句的结构

case 语句主要适用于以下情况：某个变量存在多种取值，需要对其中的每一种取值分别执行不同的命令序列。这种情况与多分支的 if 语句非常相似，只不过 if 语句需要判断多个不同的条件，而 case 语句只是判断一个变量的不同取值。

case 分支语句的语法结构如下所示。

```
case 变量值 in
模式 1)
  命令序列 1
  ;;
模式 2)
  命令序列 2
  ;;
  ……
* )
  默认命令序列
esac
```

在上述语句结构中，关键字 case 后面跟的是“变量值”，即“$ 变量名”，这点需要与 for 循环语句的结构加以区别。整个分支结构包括在 case…esac 之间，中间的模式 1、模式 2、……、* 对应为变量的不同取值（程序期望的取值），其中 * 作为通配符，可匹配任意值。

case 语句的执行流程：首先使用“变量值”与模式 1 进行比较，若取值相同则执行模式 1 后的命令序列，直到遇见双分号“;;”后跳转至 esac，表示结束分支；若与模式 1 不相匹配，则继续与模式 2 进行比较，若取值相同则执行模式 2 后的命令序列，直到遇见双分号“;;”后跳转至 esac，表示结束分支……以此类推，若找不到任何匹配的值，则执行默认模式“*)”后的命令序列，直到遇见 esac 后结束分支，如图 9.1 所示。

使用 case 分支语句时，有几个值得注意的特点如下所述。

- case 行尾必须为单词“in”，每一模式必须以右括号“)”结束。
- 双分号“;;”表示命令序列的结束。
- 模式字符串中，可以用方括号表示一个连续的范围，如“[0-9]”；还可以用竖杠符号“|”表示或，如“A|B”。
- 最后的“*)”表示默认模式，其中的 * 相当于通配符。

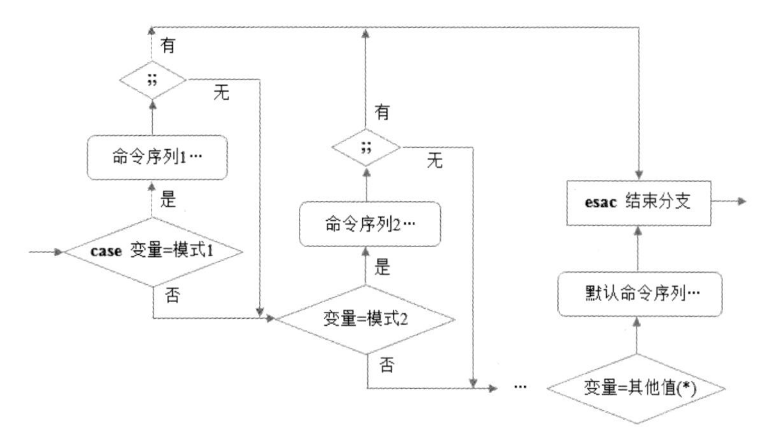

图 9.1 case 分支语句的结构

2. case 语句应用示例

为了进一步理解 case 语句的结构和流程，掌握 case 语句在脚本中的实际使用，下面依次介绍两个脚本实例。

（1）检查用户输入的字符类型

提示用户从键盘输入一个字符，通过 case 语句判断该字符是否为字母、数字或者其他控制字符，并给出相应的提示信息。

```
[root@localhost ~]# vi hitkey.sh
#!/bin/bash
read -p " 请输入一个字符 , 并按 Enter 键确认 :" KEY
case "$KEY" in
 [a-z]|[A-Z])                                    // 匹配任意字母
   echo " 您输入的是 字母 ."
   ;;
 [0-9])                                          // 匹配任意数字
   echo " 您输入的是 数字 ."
   ;;
 *)                                              // 默认模式，匹配任意字符
   echo " 您输入的是 空格、功能键或其他控制字符 ."
esac
[root@localhost ~]# chmod +x hitkey.sh
```

测试并确认 hitkey.sh 脚本的执行结果如下所示。

```
[root@localhost ~]# ./hitkey.sh
请输入一个字符，并按 Enter 键确认 :k                    // 输入字母 k
您输入的是 字母 k .
[root@localhost ~]# ./hitkey.sh
请输入一个字符，并按 Enter 键确认 :8                    // 输入数字 8
您输入的是 数字 8 .
[root@localhost ~]# ./hitkey.sh
请输入一个字符，并按 Enter 键确认 :^[[19~               // 按 F8 键
您输入的是 空格、功能键或其他控制字符 .
```

（2）编写系统服务脚本

编写一个名为 myprog 的系统服务脚本，通过位置变量 $1 指定的 start、stop、restart、status 控制参数，分别用来启动、停止、重启 sleep 进程，以及查看 sleep 进程的状态。其中，命令 sleep 用来指定暂停的秒数，这里仅用做测试，在实际运维工作中应将 sleep 改为相应后台服务的控制命令序列。

```
[root@localhost ~]# vi myprog
#!/bin/bash
case "$1" in
start)
  echo -n " 正在启动 sleep 服务 ... "
  if sleep 7200 &
 then                                              // 在后台启动 sleep 进程
    echo "OK"
  fi
  ;;
stop)
  echo -n " 正在停止 sleep 服务 ... "
  pkill "sleep" &> /dev/null
echo "OK"                                          // 杀死 sleep 进程
  ;;
status)
  if pgrep "sleep" &>/dev/null ; then              // 判断并提示 sleep 进程状态
    echo "sleep 服务已经启动 ."
  else
    echo "sleep 服务已经停止 ."
  fi
  ;;
restart)                                           // 先停止、再启动服务
  $0 stop
  $0 start
  ;;
*)                                                 // 默认显示用法信息
  echo " 用法 : $0 {start|stop|status|restart}"
esac
[root@localhost ~]# chmod +x myprog
```

测试并确认 myprog 脚本的执行结果如下所示。

```
[root@localhost ~]# ./myprog start
正在启动 sleep 服务 ... OK
[root@localhost ~]# ./myprog status
sleep 服务已经启动。
[root@localhost ~]# ./myprog stop
正在停止 sleep 服务 ... OK
[root@localhost ~]# ./myprog reload                // 未提供此参数，按默认处理
用法 : ./myprog {start|stop|status|restart}
```

在 Linux 系统中，/etc/rc.d/init.d 目录下绝大多数的系统服务脚本使用了 case 分支语句。平时控制各种系统服务时，提供的 start、stop、restart 等位置参数，正是由 case 语句结构来识别并完成相应操作的。有兴趣的同学可自行查阅这些脚本内容。

当然，若要将 myprog 服务交给 chkconfig 来管理，还需要添加相应的识别配置，并将 myprog 脚本复制到 /etc/init.d 目录下，然后执行“chkconfig --add myprog”命令，添加为标准的系统服务。

```
[root@localhost ~]# vi myprog
#!/bin/bash
# chkconfig: - 90 10
# description: Startup script for sleep Server
case "$1" in
start)
……          // 省略部分内容
[root@localhost ~]# cp myprog /etc/init.d/
[root@localhost ~]# chkconfig --add myprog
[root@localhost ~]# chkconfig --list myprog
myprog        0: 关闭  1: 关闭  2: 关闭  3: 关闭  4: 关闭  5: 关闭  6: 关闭
```

9.2 使用 for 循环语句

在实际工作中，经常会遇到某项任务需要多次执行的情况，而每次执行时仅仅是处理的对象不一样，其他命令相同。例如，根据通讯录中的姓名列表创建系统账号；根据服务器清单检查各主机的存活状态；根据 IP 地址黑名单设置拒绝访问的防火墙策略等。

当面对各种列表重复任务时，使用简单的 if 语句已经难以满足要求，而顺序编写全部代码更是显得异常繁琐、困难重重。本节将要学习的 for 循环语句，可以很好地解决类似问题。

1. for 语句的结构

使用 for 循环语句时，需要指定一个变量及可能的取值列表，针对每一个不同的取值重复执行相同的命令序列，直到变量值用完退出循环。在这里，“取值列表”称

为 for 语句的执行条件，其中包括多个属性相同的对象，需要预先指定（如通讯录、IP 黑名单）。

for 循环语句的语法结构如下所示。

```
for 变量名 in 取值列表
do
    命令序列
done
```

上述语句结构中，for 语句的操作对象为用户指定名称的变量，并通过 in 关键字为该变量预先设置了一个取值列表，多个取值之间以空格进行分隔。位于 do…done 之间的命令序列称为“循环体”，其中的执行语句需要引用变量以完成相应的任务。

for 语句的执行流程：首先将列表中的第 1 个取值赋给变量，并执行 do…done 循环体中的命令序列；然后将列表中的第 2 个取值赋给变量，并执行循环体中的命令序列……以此类推，直到列表中的所有取值用完，最后将跳至 done 语句，表示结束循环，如图 9.2 所示。

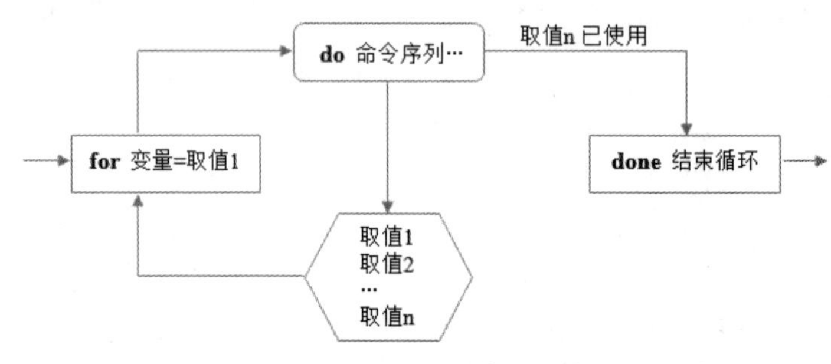

图 9.2　for 循环语句的结构

2. for 语句应用示例

为了进一步理解 for 语句的结构和流程，掌握 for 语句在脚本中的实际使用，下面依次介绍两个脚本实例。

（1）根据姓名列表批量添加用户

根据人事部门给出的员工姓名的拼音列表，在 Linux 服务器中添加相应的用户账号，初始密码均设置为“123456”。其中，员工姓名列表中的账号数量并不固定，而且除了要求账号名称是拼音之外，并无其他特殊规律。

针对上述要求，可先指定员工列表文件 users.txt，然后编写一个名为 uaddfor.sh 的 Shell 脚本，从 users.txt 文件中读取各用户名称，重复执行添加用户、设置初始密码的相关操作。

```
[root@localhost ~]# vi /root/users.txt                    //用做测试的列表文件
chenye
dengchao
zhangjie
```

```
[root@localhost ~]# vi uaddfor.sh                          // 批量添加用户的脚本
#!/bin/bash
ULIST=$(cat /root/users.txt)
for UNAME in $ULIST
do
  useradd $UNAME
  echo "123456" | passwd --stdin $UNAME &>/dev/null
done
[root@localhost ~]# chmod +x uaddfor.sh
[root@localhost ~]# ./uaddfor.sh                           // 测试并确认执行结果
[root@localhost ~]# tail -3 /etc/passwd
chenye:x:1011:1011::/home/chenye:/bin/bash
dengchao:x:1012:1012::/home/dengchao:/bin/bash
zhangjie:x:1013:1013::/home/zhangjie:/bin/bash
```

若要删除 uaddfor.sh 脚本所添加的用户，只需参考上述脚本代码，将 for 循环体中添加用户的命令序列改为删除用户的操作即可。例如，建立一个名为 udelfor.sh 的脚本如下所示。

```
[root@localhost ~]# vi udelfor.sh                          // 批量删除用户的脚本
#!/bin/bash
ULIST=$(cat /root/users.txt)
for UNAME in $ULIST
do
  userdel -r $UNAME &>/dev/null
done
[root@localhost ~]# chmod +x udelfor.sh
[root@localhost ~]# ./udelfor.sh                           // 测试并确认执行结果
[root@localhost ~]# id chenye
id: chenye: 无此用户
```

（2）根据 IP 地址列表检查主机状态

根据包含公司各服务器 IP 地址的列表文件，检查其中各主机的 ping 连通性（测试方法可参考上一章中的 pinghost.sh 脚本），输出各主机是否启动、关闭。其中，服务器的数量并不固定，各服务器的 IP 地址之间也无特殊规律。

针对此案例要求，可先指定 IP 地址列表文件 ipadds.txt，然后编写一个名为 chkhosts.sh 的 Shell 脚本，从 ipadds.txt 文件中读取各服务器的 IP 地址，重复执行 ping 连通性测试，并根据测试结果输出相应的提示信息。

```
[root@localhost ~]# vi /root/ipadds.txt                    // 用做测试的列表文件
192.168.4.11
192.168.4.110
192.168.4.120
[root@localhost ~]# vi chkhosts.sh                         // 循环检查各主机的脚本
#!/bin/bash
HLIST=$(cat /root/ipadds.txt)
```

```
for IP in $HLIST
do
  ping -c 3 -i 0.2 -W 3 $IP &> /dev/null
  if [ $? -eq 0 ]
  then
    echo "Host $IP is up."
  else
    echo "Host $IP is down."
  fi
done
[root@localhost ~]# chmod +x chkhosts.sh
[root@localhost ~]# ./chkhosts.sh                    // 测试并确认执行结果
Host 192.168.4.11 is up.
Host 192.168.4.110 is down.
Host 192.168.4.120 is up.
```

上述脚本代码中，do…done 循环体内使用了 if 条件选择语句，以对针对不同 IP 地址的测试结果进行判断，并输出相应的提示信息。实际上，if 语句、for 语句及其他各种 Shell 脚本语句，都是可以嵌套使用的，后续课程中将不再重复说明。

9.3 使用 while 循环语句

for 循环语句非常适用于列表对象无规律，且列表来源已固定（如某个列表文件）的场合。而对于要求控制循环次数、操作对象按数字顺序编号、按特定条件执行重复操作等情况，则更适合使用另外一种循环——while 语句。

1. while 语句的结构

使用 while 循环语句时，可以根据特定的条件反复执行一个命令序列，直到该条件不再满足时为止。在脚本应用中，应该避免出现死循环的情况，否则后边的命令操作将无法执行。因此，循环体内的命令序列中应包括修改测试条件的语句，以便在适当的时候使测试条件不再成立，从而结束循环。

while 循环语句的语法结构如下所示。

```
while 条件测试操作
do
  命令序列
done
```

while 语句的执行流程：首先判断 while 后的条件测试操作结果，如果条件成立，则执行 do…done 循环体中的命令序列；返回 while 后再次判断条件测试结果，如果条件仍然成立，则继续执行循环体；再次返回到 while 后，判断条件测试结果……如此循环，直到 while 后的条件测试结果不再成立为止，最后跳转到 done 语句，表示结束循环，如图 9.3 所示。

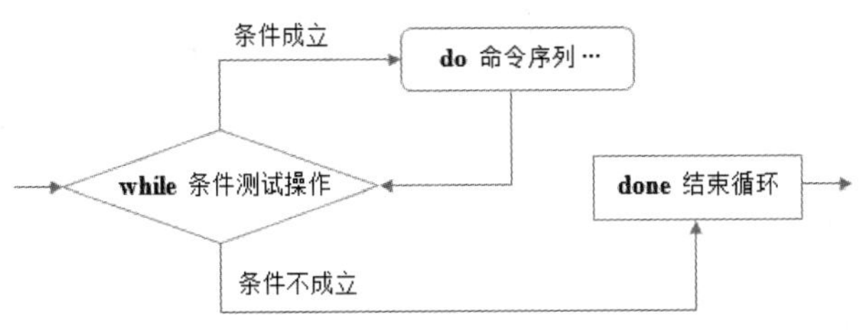

图 9.3 while 循环语句的结构

使用 while 循环语句时，有两个特殊的条件测试操作，即 true（真）和 false（假）。使用 true 作为条件时，表示条件永远成立，循环体内的命令序列将无限执行下去，除非强制终止脚本（或通过 exit 语句退出脚本）；反之，若使用 false 作为条件，则循环体将不会被执行。这两个特殊条件也可以用在 if 语句的条件测试中。

2. while 语句应用示例

为了进一步理解 while 语句的结构和流程，掌握 while 语句在脚本中的实际使用，下面依次介绍两个脚本实例。

（1）批量添加规律编号的用户

在一些技术培训和学习领域，出于实验或测试的目的，需要批量添加用户账号，这些用户的名称中包含固定的前缀字串，并按照数字顺序依次进行编号，账号的数量往往也是固定的。例如，若要添加 20 个用户，名称依次为 stu1、stu2、…、stu20，可以参考以下操作。

```
[root@localhost ~]# vi uaddwhile.sh                    // 批量添加用户的脚本
#!/bin/bash
PREFIX="stu"
i=1
while [ $i -le 20 ]
do
   useradd ${PREFIX}$i
   echo "123456" | passwd --stdin ${PREFIX}$i &> /dev/null
   let i++
done
[root@localhost ~]# chmod +x uaddwhile.sh
```

上述脚本代码中，使用变量 i 来控制用户名称的编号，初始赋值为 1，并且当取值大于 20 时终止循环。在循环体内部，通过语句“let i++”（等同于 i='expr $i + 1'）来使变量 i 的值增加 1，因此当执行第 1 次循环后 i 的值将变为 2，执行第 2 次循环后 i 的值将变为 3……以此类推。

测试并确认 uaddwhile.sh 脚本的执行结果如下所示。

```
[root@localhost ~]# ./uaddwhile.sh
[root@localhost ~]# grep "stu" /etc/passwd | tail -3
stu18:x:1028:1028::/home/stu18:/bin/bash
```

```
stu19:x:1029:1029::/home/stu19:/bin/bash
stu20:x:1030:1030::/home/stu20:/bin/bash
```

若要删除 uaddwhile.sh 脚本所添加的用户，只需参考上述脚本代码，将 while 循环体中添加用户的命令序列改为删除用户的操作即可。

```
[root@localhost ~]# vi udelwhile.sh                    // 批量删除用户的脚本
#!/bin/bash
PREFIX="stu"
i=1
while [ $i -le 20 ]
do
      userdel -r ${PREFIX}$i
      let i++
done
[root@localhost ~]# chmod +x udelwhile.sh
[root@localhost ~]# ./udelwhile.sh                     // 测试并确认执行结果
[root@localhost ~]# id stu20
id: stu20: 无此用户
```

（2）猜价格游戏

在一些娱乐节目中，经常有猜价格的游戏，要求参与者在最短的时间内猜出展示商品的实际价格，当所猜的价格高出或低于实际价格时，主持人会给出相应的提示。下面以此为原型，编写一个猜价格的 Shell 脚本。

案例要求如下：由脚本预先生成一个随机的价格数目（0 ～ 999）作为实际价格，判断用户猜测的价格是否高出或低于实际价格，给出相应提示后再次要求用户猜测；一直到用户猜中实际价格为止，输出用户共猜测的次数、实际价格。

针对上述要求，主要设计思路如下：通过环境变量 RANDOM 可获得一个小于 2^{16} 的随机整数，计算其与 1000 的余数即可获得 0 ～ 999 的随机价格；反复猜测操作可以通过以 true 作为测试条件的 while 循环实现，当用户猜中实际价格时终止循环；判断猜测价格与实际价格的过程采用 if 语句实现，嵌套在 while 循环体内；使用变量来记录猜测次数。


```
[root@localhost ~]# vi pricegame.sh
#!/bin/bash
PRICE=$(expr $RANDOM % 1000)
TIMES=0
echo " 商品实际价格范围为 0 ～ 999, 猜猜看是多少 ?"
while true
do
   read -p " 请输入你猜测的价格数目 :" INT
   let TIMES++
   if [ $INT -eq $PRICE ] ; then
      echo " 恭喜你答对了 , 实际价格是 $PRICE"
      echo " 你总共猜测了 $TIMES 次 "
```

```
        exit 0
    elif [ $INT -gt $PRICE ] ; then
        echo " 太高了 !"
    else
        echo " 太低了 !"
    fi
done
[root@localhost ~]# chmod +x pricegame.sh
```

测试并确认 pricegame.sh 脚本的执行结果如下所示。

```
[root@localhost ~]# ./pricegame.sh
商品实际价格范围为 0-999, 猜猜看是多少 ?
请输入你猜测的价格数目 :500
太高了 !
请输入你猜测的价格数目 :250
太低了 !
请输入你猜测的价格数目 :375
太高了 !
请输入你猜测的价格数目 :280
太高了 !
请输入你猜测的价格数目 :265
太高了 !
请输入你猜测的价格数目 :253
恭喜你答对了 , 实际价格是 253
你总共猜测了 6 次
```

学会条件测试操作及 if、for、while 语句的使用以后，已基本可以编写一般的管理脚本。当然，需要大家对各种命令、管道、重定向等命令操作融会贯通，才能编写出更优秀的脚本程序。Shell 脚本的应用灵活多变，即使是完成同一项任务，也可能有许多种不同的实现方式，大家应该勤加练习，在实践过程中慢慢去领会。

9.4 Shell 函数应用

Shell 函数也是我们经常使用的，因为有一些命令序列是需要反复调用执行的，若每次使用同一命令就重复写一遍，就会导致代码量很大，行数特别多。为解决该问题可以将命令序列按格式写在一起，以便可以重复的使用。

Shell 函数定义的基本格式如下所示，其中 [function] 是可选的，表示该函数的功能，这个是可以省略掉的；函数名后面加一个 ()，里面是没有内容的；而我们执行的命令序列放在 {} 里面的，[return x] 的作用是当命令序列执行完后返回给系统一个值，该项也是可以省略的。若有些时候我们调用的函数很多，那么我们可以一次写好几个。

```
[function] 函数名 (){
    命令序列
```

```
    [return x]
}
```

定义完成后，最后要了解如何调用定义好的函数。在脚本中调用函数的方式是直接输入函数名即可，有的时候还需要输入一些参数。下面操作就是我们定义了一个输入两个数字并求和的脚本，其中我们先通过 sum(){} 定义一个函数，然后在 {} 中编写执行的命令序列，使用 read 命令交互式输入两个数，输入两个数后，系统就会显示出字符串“你输入的两个数为 : $NUM1 和 $NUM2”，其中 $NUM1 和 $NUM2 是刚才输入的数字。之后在定义一个 SUM 变量，而变量的值是，刚才那两个数做加法，最后是显示两个数的和。函数定义完后，该脚本并不算完成。因为我们只是定义了一个函数，若不调用就没用任何作用，所以在脚本的最后要调用函数，也就是直接调用函数名 SUM。

```
[root@localhost ~]#vim sum.sh
#!/bin/bash
sum(){
read -p " 请输入第一个数： " NUM1
read -p " 请输入第二个数： " NUM2
echo " 你输入的两个数为： $NUM1 和 $NUM2."
SUM=$(( NUM1+$NUM2))
echo " 两个数的和为： $SUM"
}
sum

[root@localhost ~]# sh sum.sh
请输入第一个数：2
请输入第二个数：3
你输入的两个数为：2 和 3.
两个数的和为：5
```

在 Linux 系统中有很多服务启动脚本定义了丰富的 Shell 函数，并嵌套了各种语句，如 if 语句等。我们在编写服务启动脚本可参考系统原有的启动脚本编写。

9.5 Shell 脚本调试

在 Shell 脚本开发中，经常碰到一些规范方面的问题，例如忘了使用引号或在 if 语句末尾处忘记加 fi 结束。要注意把复杂的脚本简单化，要思路清晰，并且分段实现。当执行脚本时出现脚本错误后，不要只看那些提示的错误行，而是要观察整个相关的代码段。

为避免编写的脚本出错，除了在编写脚本时注意书写规范，排除语法错误，更重要的是利用调试脚本工具来调试脚本。echo 命令是最有用的调试脚本工具之一，一般在可能出现问题的脚本中加入 echo 命令，采用的是分段排查的方式。

除了 echo 命令之外，bash Shell 也有相应参数可以调试脚本。使用 bash 命令参数调试，命令的语法为：

```
sh [-nvx] 脚本名
```

常用参数的具体含义为：

- -n：不会执行该脚本，仅查询脚本语法是否有问题，如果没有语法问题就不显示任何内容，如果有问题会提示报错。
- -v：在执行脚本时，先将脚本的内容输出到屏幕上然后执行脚本，如果有错误，也会给出错误提示。
- -x：将执行的脚本内容输出到屏幕上，这是个对调试很有用的参数。

当脚本文件较长时，可以使用 set 命令指定调试一段脚本。

```
#!/bin/bash
set –x    ### 开启调试模式 ###
read -p " 请输入您的分数 (0-100):" GRADE
if [ $GRADE -ge 85 ] && [ $GRADE -le 100 ]
then
   echo "$GRADE 分 ! 优秀 "
set +x    ### 关闭调试模式 ###
elif [ $GRADE -ge 70 ] && [ $GRADE -le 84 ]
then
   echo "$GRADE 分 , 合格 "
else
   echo "$GRADE 分 ? 不合格 "
fi
```

本章总结

- case 语句可根据变量的不同取值执行不同的命令序列，比多分支的 if 语句结构更加清晰。
- Linux 系统中的各种系统服务器脚本都使用了 case 分支结构，以便通过 start、stop、restart 等位置参数进行控制。
- for 语句可根据已知的列表对象重复执行命令序列，更适合无规律的循环操作。
- while 语句可根据特定的条件重复执行命令序列，更适合有规律的循环操作。
- 在 Linux 系统中有很多服务启动脚本定义了丰富的 Shell 函数，并嵌套了各种语句。
- Shell 脚本调试的方法有：echo 命令、bash 参数、set 命令等。

本章作业

1. 简述 for 循环语句的语法格式、执行流程。

2．简述 case 分支语句的语法格式、执行流程。

3．编写一个名为 sumint.sh 的脚本，提示用户输入一个小于 100 的整数，并计算从 1 到该数之间所有整数的和。

4．编写一个名为 untar.sh 的脚本程序，用来解压“.tar.gz”或“.tar.bz2”格式的压缩包文件，要求采用 case 语句，根据文件名后缀来自动选择相应的解压选项。

5．用课工场 APP 扫一扫，完成在线测试，快来挑战吧！

第 10 章

Shell 编程之 Sed 与 Awk

技能目标

- 掌握正则表达式
- 掌握 Sed 文本处理工具
- 掌握 Awk 编辑工具

本章导读

Sed 是文本处理工具，可以读取文本内容，根据指定条件对数据进行添加、删除、替换等操作，被广泛应用于 Shell 脚本。Awk 是一个功能强大的编辑工具，用于在 Linux/Unix 下对文本和数据进行处理。本章将介绍 Sed 和 Awk 工具的使用，以及 Shell 编程实战案例。

知识服务

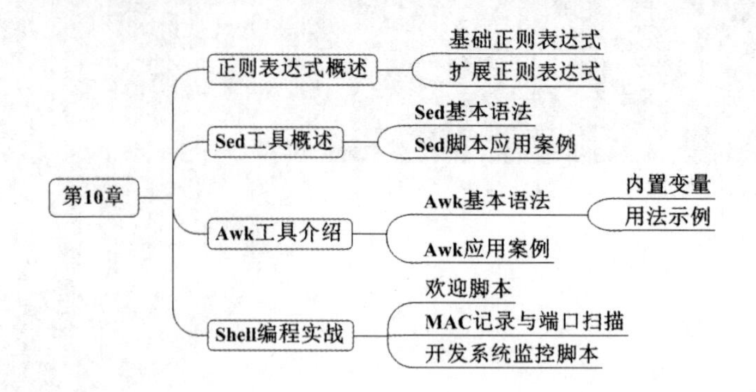

10.1 正则表达式概述

在介绍 Sed 和 Awk 之前，要先具备正则表达式的相关知识。因为正则表达式是组成“操作”的基本语法，而这些“操作”是运用于 Sed 和 Awk 必备的能力。因此只有了解了正则表达式，Sed 和 Awk 才能得心应手。

本节将依次介绍正则表达式的具体规则，以及 Sed 与 Awk 文本处理工具的使用。

正则表达式分为基础正则表达式（Regular Expression）与扩展正则表达式（Extended Regular Expression），它不是一个工具程序，而是一个字符串处理的标准依据，是使用单个字符串搜索、匹配一系列符合某个语法规则的字符串。它由普通字符（a ～ z）以及特殊字符（又叫“元字符”）组成。如果要以正则表达式的方式处理字符串，就得使用支持正则表示的工具，如表 10-1 所示。

表 10-1　Linux 文本处理工具

文本处理工具	基础正则表达式	扩展正则表达式
vi 编辑器	支持	
grep	支持	
egrep	支持	支持
sed	支持	
awk	支持	支持

1. 基础正则表达式

基础正则表达式是常用的正则表达式部分。表 10-2 列出了其中经常用到的元字符及作用。

表 10-2　基础正则表达式元字符

元字符	作用
\	转义字符，用于取消特殊符号的含义，如：\!、\n 等
^	匹配字符串的开始位置，如：^world 匹配以 world 开头的行
$	匹配字符串的结束位置，如：world$ 匹配以 world 结尾的行

续表

元字符	作用
.	匹配除 \n（换行）之外的任意一个字符
*	匹配前面的子表达式 0 次或者多次
[list]	匹配 list 列表中的一个字符，如：[0-9] 匹配任一位数字
[^list]	匹配不在 list 列表中的一个字符，如：[^0-9] 匹配任意一位非数字字符
\{n\}	匹配前面的子表达式 n 次，如：[0-9]\{2\} 匹配两位数字
\{n,\}	匹配前面的子表达式不少于 n 次，如：[0-9]\{2,\} 表示两位及两位以上数字
\{n,m\}	匹配前面的子表达式 n 到 m 次，如：[a-z]\{2,3\} 匹配两到三位的小写字母

下面以 grep 工具，/etc/passwd 文件为例，介绍基础正则表达式。

注意，/etc/passwd 文件由于系统差异，可能会与案例中输出的结果有所不同。

```
[root@localhost ~]# grep root /etc/passwd                //筛选文件中包含 root 的行
  root:x:0:0:root:/root:/bin/bash
  operator:x:11:0:operator:/root:/sbin/nologin
[root@localhost ~]# grep ^root /etc/passwd               //筛选出以 root 开头的行
  root:x:0:0:root:/root:/bin/bash
[root@localhost ~]# grep bash$  /etc/passwd              //筛选出以 bash 结尾的行
  root:x:0:0:root:/root:/bin/bash
[root@localhost ~]# grep  -v  root /etc/passwd           //筛选文件中不包含 root 的行
  bin:x:1:1:bin:/bin:/sbin/nologin
  daemon:x:2:2:daemon:/sbin:/sbin/nologin
  adm:x:3:4:adm:/var/adm:/sbin/nologin
  lp:x:4:7:lp:/var/spool/lpd:/sbin/nologin
  ...
[root@localhost ~]# grep 'r..d' /etc/passwd              //筛选出 r 和 d 之间有两个字符的行
  adm:x:3:4:adm:/var/adm:/sbin/nologin
[root@localhost ~]# grep '[^s]bin' /etc/passwd           //筛选 bin 前面不是 s 的行
  root:x:0:0:root:/root:/bin/bash
  bin:x:1:1:bin:/bin:/sbin/nologin
  sync:x:5:0:sync:/sbin:/bin/sync
  rpc:x:32:32:Rpcbind Daemon:/var/lib/rpcbind:/sbin/nologin
[root@localhost ~]# grep "^$" /etc/passwd                //筛选出空白行，没有空白行所以没输出
[root@localhost ~]# grep 't[es]'  /etc/passwd            //筛选包含字符串 te 或 ts 的行
  dbus:x:81:81:System message bus:/:/sbin/nologin
  pulse:x:171:171:PulseAudio System Daemon:/var/run/pulse:/sbin/nologin
  sshd:x:74:74:Privilege-separated SSH:/var/empty/sshd:/sbin/nologin
[root@localhost ~]# grep '0\{1,\}' /etc/passwd           //查找数字 0 出现 1 次及以上的行
  root:x:0:0:root:/root:/bin/bash
  sync:x:5:0:sync:/sbin:/bin/sync
  shutdown:x:6:0:shutdown:/sbin:/sbin/shutdown
  halt:x:7:0:halt:/sbin:/sbin/halt
  uucp:x:10:14:uucp:/var/spool/uucp:/sbin/nologin
```

```
  operator:x:11:0:operator:/root:/sbin/nologin
  games:x:12:100:games:/usr/games:/sbin/nologin
  gopher:x:13:30:gopher:/var/gopher:/sbin/nologin
[root@localhost ~]# grep -e "ntp" -e "root" /etc/passwd    //-e 参数查找多个模式
  root:x:0:0:root:/root:/bin/bash
  operator:x:11:0:operator:/root:/sbin/nologin
  ntp:x:38:38::/etc/ntp:/sbin/nologin
```

当使用连续的字符时，例如小写英文、大写英文、数字，就可以使用 [a-z]，[A-Z]，[0-9] 的方式书写。

```
[root@localhost ~]# grep  [0-3]  /etc/passwd            // 筛选包含数字 0 ～ 3 的行
  root:x:0:0:root:/root:/bin/bash
  bin:x:1:1:bin:/bin:/sbin/nologin
  daemon:x:2:2:daemon:/sbin:/sbin/nologin
  adm:x:3:4:adm:/var/adm:/sbin/nologin
  sync:x:5:0:sync:/sbin:/bin/sync
  shutdown:x:6:0:shutdown:/sbin:/sbin/shutdown
  halt:x:7:0:halt:/sbin:/sbin/halt
  mail:x:8:12:mail:/var/spool/mail:/sbin/nologin
  uucp:x:10:14:uucp:/var/spool/uucp:/sbin/nologin
  operator:x:11:0:operator:/root:/sbin/nologin
  games:x:12:100:games:/usr/games:/sbin/nologin
  ...
[root@localhost ~]# grep '[^a-z]ae' /etc/passwd         // 筛选 ae 前面不是小写字母的行
  rpc:x:32:32:Rpcbind Daemon:/var/lib/rpcbind:/sbin/nologin
  pulse:x:171:171:PulseAudio System Daemon:/var/run/pulse:/sbin/nologin
[root@localhost ~]# grep  '^[a-z]ae'  /etc/passwd       // 筛选 ae 前面是小写字母的行
  daemon:x:2:2:daemon:/sbin:/sbin/nologin
```

值得注意的是“*”号，在通配符中表示任意字符，而在正则表达式中表示匹配前面的子表达式 0 次或者多次，例如：

```
[root@localhost ~]# grep 0* /etc/passwd
```

这里 0* 会匹配所有内容（若是有空白行的文件，甚至包括空白行）。

```
[root@localhost ~]# grep 00* /etc/passwd
  root:x:0:0:root:/root:/bin/bash
  sync:x:5:0:sync:/sbin:/bin/sync
  shutdown:x:6:0:shutdown:/sbin:/sbin/shutdown
  halt:x:7:0:halt:/sbin:/sbin/halt
  uucp:x:10:14:uucp:/var/spool/uucp:/sbin/nologin
  operator:x:11:0:operator:/root:/sbin/nologin
  games:x:12:100:games:/usr/games:/sbin/nologin
  gopher:x:13:30:gopher:/var/gopher:/sbin/nologin
```

这里 00* 匹配至少包含一个 0 的行（第一个 0 必须出现，第二个 0 可以出现 0 次或多次）。

2. 扩展正则表达式

扩展正则表达式是对基础正则表达式的扩充与深化。表 10-3 列出了其中常用的扩展元字符及作用。

表 10-3　扩展元字符

元字符	作用
+	匹配前面的子表达式 1 次以上，如：go+d，将匹配至少一个 o
?	匹配前面的子表达式 0 次或者 1 次，如 go?d，将匹配 gd 或 god
()	将 () 号中的字符串作为一个整体，如：(xzy)+，将匹配 xyz 整体 1 次以上
|	以或的方式匹配字符串，如：good|great, 将匹配 good 或者 great

下面以 egrep 工具、/etc/passwd 文件为例，介绍扩展正则表达式。

```
[root@localhost ~]#egrep 0+/etc/passwd              // 匹配至少包含一个 0 的行
  root:x:0:0:root:/root:/bin/bash
  sync:x:5:0:sync:/sbin:/bin/sync
  shutdown:x:6:0:shutdown:/sbin:/sbin/shutdown
  halt:x:7:0:halt:/sbin:/sbin/halt
  uucp:x:10:14:uucp:/var/spool/uucp:/sbin/nologin
  operator:x:11:0:operator:/root:/sbin/nologin
  games:x:12:100:games:/usr/games:/sbin/nologin
  gopher:x:13:30:gopher:/var/gopher:/sbin/nologin
  ftp:x:14:50:FTP User:/var/ftp:/sbin/nologin
[root@localhost ~]# egrep '(root|ntp)' /etc/passwd    // 匹配包含 root 或 ntp 的行
  root:x:0:0:root:/root:/bin/bash
  operator:x:11:0:operator:/root:/sbin/nologin
  ntp:x:38:38::/etc/ntp:/sbin/nologin
[root@localhost ~]# egrep ro?t /etc/passwd           // 匹配 rt 或者 rot 的行
  rtkit:x:172:172:RealtimeKit:/proc:/sbin/nologin
  abrt:x:173:173::/etc/abrt:/sbin/nologin
[root@localhost ~]# egrep -v '^$|^#' /etc/passwd     // 过滤文件中的空白行与 # 开头的行，没有空
                                                     // 白行与 # 号开头的行，所以没有任何输出
```

以上就是正则表达式的基本用法，只要正确运用，能够在字符串提取和文本修改中起到很大作用。

10.2 Sed 工具概述

Sed 是文本处理工具，依赖于正则表达式，可以读取文本内容，根据指定条件对数据进行添加、删除、替换等操作，被广泛应用于 shell 脚本，以完成自动化处理任务。

Sed 在处理数据时默认不直接修改源文件，而是把当前处理的行存储在临时缓冲区中，所有指令都在缓冲区中操作，处理完成后，把缓冲区内容默认输出到屏幕，接

着处理下一行内容，这样不断重复，直到文件末尾，文件本身内容没有改变。

1. Sed 基本语法

命令语法：sed -e '编辑指令' 文件 1 文件 2...
sed -n -e '编辑指令' 文件 1 文件 2...
sed -i -e '编辑指令' 文件 1 文件 2...

常用选项：-e 指定要执行的命令，只有一个编辑命令时可省略。
-n 只输出处理后的行，读入时不显示。
-i 直接编辑文件，而不输出结果。

编辑指令格式：【地址 1】【地址 2】操作【参数】

与 grep 一样，Sed 在文件查找时也可以使用正则表达式和各种元字符。这里的“地址”就可以是正则表达式，也可以是数字、$，如果没有地址就代表是所有的行。常用的“操作”及作用如表 10-4 所示。“参数”一般用 g 代表只要符合条件，全部都进行处理。

表 10-4 常用操作

指令	作用
p	输出指定的行
d	删除指定的行
s	字串替换，格式：“行范围 s/ 旧字符串 / 新字符串 /g”
r	读取指定文件
w	保存为文件
i	插入，在当前行前面插入一行或多行

2. Sed 用法示例

（1）输出指定的行

```
[root@localhost ~]# sed -n 'p' /etc/passwd              // 将所有内容输出
[root@localhost ~]# sed -n '6p' /etc/passwd             // 将第 6 行内容输出
  sync:x:5:0:sync:/sbin:/bin/sync
[root@localhost ~]# sed -n '6，8p' /etc/passwd          // 将第 6 ~ 8 行内容输出
  sync:x:5:0:sync:/sbin:/bin/sync
  shutdown:x:6:0:shutdown:/sbin:/sbin/shutdown
  halt:x:7:0:halt:/sbin:/sbin/halt
[root@localhost ~]# sed -n 'p;n' /etc/passwd            // 将所有奇数行输出
  root:x:0:0:root:/root:/bin/bash
  daemon:x:2:2:daemon:/sbin:/sbin/nologin
  lp:x:4:7:lp:/var/spool/lpd:/sbin/nologin
  shutdown:x:6:0:shutdown:/sbin:/sbin/shutdown
  ...
[root@localhost ~]# sed -n 'n;p' /etc/passwd            // 将所有偶数行输出
  bin:x:1:1:bin:/bin:/sbin/nologin
```

```
  adm:x:3:4:adm:/var/adm:/sbin/nologin
  sync:x:5:0:sync:/sbin:/bin/sync
  halt:x:7:0:halt:/sbin:/sbin/halt
  operator:x:11:0:operator:/root:/sbin/nologin
  ...
[root@localhost ~]# sed -n '1,10{p;n}' /etc/passwd      // 将 1 ～ 10 行中的偶数行输出
[root@localhost ~]# sed -n '1,10{n;p }' /etc/passwd     // 将 1 ～ 10 行中的奇数行输出
[root@localhost ~]# sed -n '10,${n;p}' /etc/passwd      // 将第 10 行到末尾之间的奇数行输出
[root@localhost ~]# sed -n '$p' /etc/passwd             // 将最后一行输出
[root@localhost ~]# sed -n '1,+4p' /etc/passwd          // 将第 1 行开始，连续 4 行进行输出（1 ～ 5 行）
  root:x:0:0:root:/root:/bin/bash
  bin:x:1:1:bin:/bin:/sbin/nologin
  daemon:x:2:2:daemon:/sbin:/sbin/nologin
  adm:x:3:4:adm:/var/adm:/sbin/nologin
  lp:x:4:7:lp:/var/spool/lpd:/sbin/nologin
[root@localhost ~]# sed -n '/root/p' /etc/passwd        // 将匹配包含 root 的行进行输出
  root:x:0:0:root:/root:/bin/bash
  operator:x:11:0:operator:/root:/sbin/nologin
[root@localhost ~]# sed -n '10,/nom/p' /etc/passwd      // 将从第 10 行至第一个包含 nom 的行进行输出
[root@localhost ~]# sed -nr '/ro{1,}t/p' /etc/passwd    // 匹配不少于 1 次前导字符 o，加 -r 参数
                                                        // 支持拓展正则表达式
  root:x:0:0:root:/root:/bin/bash
  operator:x:11:0:operator:/root:/sbin/nologin
[root@localhost ~]# sed -n '/root\|ntp/p' /etc/passwd   // 输出包含 root 或者 ntp 的行
  root:x:0:0:root:/root:/bin/bash
  operator:x:11:0:operator:/root:/sbin/nologin
  ntp:x:38:38::/etc/ntp:/sbin/nologin
```

注意，如果遇到特殊符号的情况，拓展正则还需要转义字符”\”。

```
[root@localhost ~]# sed -n '/nom/=' /etc/passwd         // 将包含 nom 所在的行行号输出，"=" 号
                                                        // 用来输出行号
[root@localhost ~]#  sed -e '5q' /etc/passwd            // 输出前 5 行信息后退出，q 退出
  root:x:0:0:root:/root:/bin/bash
  bin:x:1:1:bin:/bin:/sbin/nologin
  daemon:x:2:2:daemon:/sbin:/sbin/nologin
  adm:x:3:4:adm:/var/adm:/sbin/nologin
  lp:x:4:7:lp:/var/spool/lpd:/sbin/nologin
```

（2）插入符合条件的行

```
[root@localhost ~]# sed '/root/i admin:x:490:490::/:/sbin/nologin' /etc/passwd
                    // 在含有 root 行的前面一行添加 admin:x:490:490::/:/sbin/nologin
  admin:x:490:490::/:/sbin/nologin
  root:x:0:0:root:/root:/bin/bash
  bin:x:1:1:bin:/bin:/sbin/nologin
  ...
[root@localhost ~]# sed '/root/a admin:x:490:490::/:/sbin/nologin' /etc/passwd
```

```
                              // 在含有 root 行的下一行添加 admin，a 表示在当前行的后面一行添加
  root:x:0:0:root:/root:/bin/bash
  admin:x:490:490::/:/sbin/nologin
  bin:x:1:1:bin:/bin:/sbin/nologin
  ...
[root@localhost ~]# sed '3aADMIN' /etc/passwd       // 在第 3 行之后插入 ADMIN
  root:x:0:0:root:/root:/bin/bash
  bin:x:1:1:bin:/bin:/sbin/nologin
  daemon:x:2:2:daemon:/sbin:/sbin/nologin
  ADMIN
  ...
```

其中使用插入时，如果添加多行数据，除最后一行外，每行末尾都需要用“\n”符号表示数据未完结，换行。

（3）删除符合要求的行

```
[root@localhost ~]# sed '1d' /etc/passwd                 // 删除第 1 行
[root@localhost ~]# sed '$d' /etc/passwd                 // 删除最后 1 行
[root@localhost ~]# sed '^$' /etc/passwd                 // 删除所有空行
[root@localhost ~]# sed '2,4d' /etc/passwd               // 删除第 2 ～ 4 行
[root@localhost ~]# sed '/root/d' /etc/passwd            // 删除含有 root 的行
[root@localhost ~]# sed '/root/!d' /etc/passwd           // 删除不包含 root 的行，这里的“！”号
                                                         // 表示取反操作
[root@localhost ~]# sed '/^root/d' /etc/passwd           // 删除以 root 开头的行
[root@localhost ~]# sed '/nologin$/d' /etc/passwd        // 删除以 nologin 结尾的行
```

（4）替换符合条件的文本

```
[root@localhost ~]# sed 's/root//g' /etc/passwd          // 将文件中所有的 root 都删除
  :x:0:0::/:/bin/bash
[root@localhost ~]# sed '/root/c admin:x:490:490::/:/sbin/nologin' /etc/passwd
                              // 将含有 root 的行替换为 admin:x:490:490::/:/sbin/nologin
  admin:x:490:490::/:/sbin/nologin
  bin:x:1:1:bin:/bin:/sbin/nologin
  ...
[root@localhost ~]# sed -n 's/root/admin/2p' /etc/passwd    // 把每行的第 2 个 root 替换成 admin
  root:x:0:0:admin:/root:/bin/bash
  ...
[root@localhost ~]# sed  '/root/s/root/ROOT/g' /etc/passwd
                              // 将包含 root 的所有行中的 root 都替换为 ROOT
  ROOT:x:0:0:ROOT:/ROOT:/bin/bash
  bin:x:1:1:bin:/bin:/sbin/nologin
  daemon:x:2:2:daemon:/sbin:/sbin/nologin
  adm:x:3:4:adm:/var/adm:/sbin/nologin
  lp:x:4:7:lp:/var/spool/lpd:/sbin/nologin
  sync:x:5:0:sync:/sbin:/bin/sync
  shutdown:x:6:0:shutdown:/sbin:/sbin/shutdown
```

```
  halt:x:7:0:halt:/sbin:/sbin/halt
  mail:x:8:12:mail:/var/spool/mail:/sbin/nologin
  operator:x:11:0:operator:/ROOT:/sbin/nologin
  ...
[root@localhost ~]# sed '1,3s/bin/BIN/g' /etc/passwd    //将第 1 ～ 3 行中的所有 bin 都替换为 BIN
  root:x:0:0:root:/root:/BIN/bash
  BIN:x:1:1:BIN:/BIN:/sBIN/nologin
  daemon:x:2:2:daemon:/sBIN:/sBIN/nologin
  adm:x:3:4:adm:/var/adm:/sbin/nologin
  ...
[root@localhost ~]# sed 's/$/ABC/'  /etc/passwd          //在每行行尾插入字符串 ABC
  root:x:0:0:root:/root:/bin/bashABC
  bin:x:1:1:bin:/bin:/sbin/nologinABC
  daemon:x:2:2:daemon:/sbin:/sbin/nologinABC
  ...
[root@localhost ~]# sed 's/^/#/' /etc/passwd              //在每行行首插入 # 号
  #root:x:0:0:root:/root:/bin/bash
  #bin:x:1:1:bin:/bin:/sbin/nologin
  #daemon:x:2:2:daemon:/sbin:/sbin/nologin
  ...
[root@localhost ~]# sed '/root/s/^/#/' /etc/passwd        //将包含 root 的行的行首插入 # 号
  #root:x:0:0:root:/root:/bin/bash
  bin:x:1:1:bin:/bin:/sbin/nologin
  daemon:x:2:2:daemon:/sbin:/sbin/nologin
  ...
[root@localhost ~]# sed '1cABC' /etc/passwd               //将第一行替换为 ABC
  ABC
  bin:x:1:1:bin:/bin:/sbin/nologin
  daemon:x:2:2:daemon:/sbin:/sbin/nologin
  ...
[root@localhost ~]# sed 'y/root/ROOT/' /etc/passwd        //将 root 对应替换为 ROOT，
                                                          //y 表示对应替换
  ROOT:x:0:0:ROOT:/ROOT:/bin/bash
  bin:x:1:1:bin:/bin:/sbin/nOlOgin
  daemOn:x:2:2:daemOn:/sbin:/sbin/nOlOgin
  ...
[root@localhost ~]# sed '1,10y/root/ROOT/' /etc/passwd  //将第 1 ～ 10 行中的 root 对应替换为 ROOT
```

（5）迁移符合条件的文本

```
[root@localhost ~]# sed '/root/w file1' /etc/passwd      //将包含 root 的行另存为文件 file1
[root@localhost ~]# sed '/root/{H;d};$G' /etc/passwd     //将包含 root 的行迁移至末尾
[root@localhost ~]# sed '1，5{H;d};$G' /etc/passwd       //将第 1 ～ 5 行内容迁移至末尾
[root@localhost ~]# sed '/root/{H;d};$G' /etc/passwd     //将包含 root 的行迁移至末尾
```

其中 h 表示保存当前模式到一个缓冲区，G 表示取出保存的模式。

（6）执行多次命令

```
[root@localhost ~]# sed -ne 's/root/admin/'  -ne 's/bash/sh/p' /etc/passwd
                                                        // 将 root 和 bash 行作替换
  admin:x:0:0:root:/root:/bin/sh
  user:x:1000:1000:user:/home/user:/bin/sh
```

注意

-e 可以将多个命令连接起来，也可将多个编辑命令保存到文件中，通过 -f 指定文件，已完成多个处理操作。

（7）直接修改文件内容

```
[root@localhost ~]# sed -i  's/^/#/' /etc/passwd          // 在每行开头插入 # 号，直接修改原文件
[root@localhost ~]# sed -i  's/^#//g' /etc/passwd         // 将每行开头的 # 号删除，直接修改原文件
```

3. Sed 脚本应用案例

本脚本用来调整 vsftpd 服务的配置文件，将实现禁止匿名用户登录，允许本地用户登录并且具有写入权限。

```
#!/bin/bash
# 设置变量，指定配置文件路径
CONFIG="/etc/vsftpd/vsftpd.conf"
# 源配置文件备份
[ -e "$CONFIG.old" ] || cp $CONFIG $CONFIG.old
# 修改配置文件，实现禁止匿名用户登录
sed  -i '/^anonymous_enable/s/YES/NO/g' $CONFIG
# 允许本地用户登录，且具有写入权限
sed -i -e '/^local_enable/s/NO/YES/g'  -e '/^write_enable/s/NO/YES/g'  $CONFIG
# 监听端口
sed -i  '/^listen/s/NO/YES/g'  $CONFIG
```


10.3 Awk 工具介绍

Awk 是一个功能强大的编辑工具，用于在 Linux/UNIX 下对文本和数据进行处理。数据可以来自一个或多个文件，也可以为其他命令的输出，常作为脚本来使用。在执行操作时，Awk 逐行读取文本，默认以空格为分隔符进行分隔，将分隔所得的各个字段保存到内建变量中，对比该行是否与给定的模式相匹配，并按模式或者条件执行编辑命令，也可从脚本中调用编辑指令过滤输出相应内容。

1. Awk 基本语法

Awk 的两种语法格式：

```
awk【选项】'模式或条件 { 编辑指令 }' 文件 1  文件 2
        awk  -f 脚本文件  文件 1 文件 2
```

在 Awk 语句中，模式部分决定何时对数据进行操作，若省略则后续动作时刻保持执行状态，模式可以为条件语句、复合语句或正则表达式等。每条编辑指令可以包含多条语句，多条语句之间要使用分号或者空格分隔的多个 {} 区域。常用选项 -F 定义字段分隔符，默认以空格或者制表符作为分隔符。

Awk 提供了很多内置变量，经常用于处理文本，了解这些内置变量的使用是很有必要的，如表 10-5 所示。

表 10-5　常见内置变量

变量	描述
FS	指定每行文本的字段分隔符，缺省为空格或制表位
NF	当前处理的行的字段个数
NR	当前处理的行的行号（序数）
$0	当前处理的行的整行内容
$n	当前处理行的第 n 个字段（第 n 列）

在 Awk 中，缺省的情况下总是将文本文件中的一行视为一个记录，而将一行中的某一部分作为记录中的一个字段。为了操作这些不同的字段，Awk 借用 Shell 的方法，用 1,2,3... 这样的方式来顺序地表示行（记录）中的不同字段。例如：

```
[root@localhost ~]# awk -F: '{print $0,NF}' /etc/passwd
```

输出以冒号为分隔的 /etc/passwd 文件中记录的字段，共 7 个字段，$1、$2、$3...$7。

案例：截取指定的列。

```
[root@localhost ~]# df -Th |awk '{print $1,$6}'
Filesystem                              Use%
/dev/mapper/VolGroup-lv_root            9%
Tmpfs                                   0%
/dev/sda1                               8%
/dev/sr0                                100%
```

用 Awk 截取命令 df -Th 输出的结果，不带任何条件（也就是执行所有内容），进行格式化输出，打印第 1 列和第 6 列数据。

特殊的，$0 指当前处理的行的整行内容，换句话说也就是输出所有内容，那么

```
[root@localhost ~]# awk '{print $0}' /etc/passwd
```

相当于

```
[root@localhost ~]# cat /etc/passwd
```

2. Awk 用法示例

（1）打印文本内容

```
[root@localhost ~]# awk '/^root/{print}' /etc/passwd              // 输出以 root 开头的行
  root:x:0:0:root:/root:/bin/bash
[root@localhost ~]# awk '/nologin$/{print}' /etc/passwd           // 输出以 nologin 结尾的行
  bin:x:1:1:bin:/bin:/sbin/nologin
  daemon:x:2:2:daemon:/sbin:/sbin/nologin
  adm:x:3:4:adm:/var/adm:/sbin/nologin
  ...
[root@localhost ~]# awk -F ":" '/bash$/{print |"wc -l"}' /etc/passwd
// 统计可登录系统用户的个数。使用管道符调用命令 wc -l 统计使用 bash 的用户个数即为可以
// 登录系统用户的个数
```

在使用 Awk 的过程中，可以使用关系运算符作为“条件”，用于比较数字与字符串，运算符有大于（>）、小于（<）、大于等于（>=）、小于等于（<=）、等于（==）、不等于（!=）这些；也可以使用逻辑操作符 &&，表示“与”，|| 表示“或”，！表示“非”；还可以进行简单的数学运算加（+）、减（-）、乘（*）、除（/）、取余（%）、乘方（^）。只有当条件为真，才执行指定的动作。

```
[root@localhost ~]# awk 'NR==1,NR==3{print}' /etc/passwd              // 输出第 1 行至第 3 行内容
  root:x:0:0:root:/root:/bin/bash
  bin:x:1:1:bin:/bin:/sbin/nologin
  daemon:x:2:2:daemon:/sbin:/sbin/nologin
[root@localhost ~]# awk 'NR==1||NR==3{print}' /etc/passwd             // 输出第 1、3 行内容
  root:x:0:0:root:/root:/bin/bash
  daemon:x:2:2:daemon:/sbin:/sbin/nologin
[root@localhost ~]# awk '(NR>=1)&&(NR<=3){print}' /etc/passwd    // 输出第 1 行到第 3 行内容
  root:x:0:0:root:/root:/bin/bash
  bin:x:1:1:bin:/bin:/sbin/nologin
  daemon:x:2:2:daemon:/sbin:/sbin/nologin
[root@localhost ~]# awk '(NR%2)==1{print}' /etc/passwd        // 输出所有奇数行的内容
[root@localhost ~]# awk '(NR%2)==0{print}' /etc/passwd        // 输出所有偶数行的内容
[root@localhost ~]# awk -F : '!($3 < 900 )' /etc/passwd       // 输出第 3 个字段不小于 900 的行
                                                              // “！”号表示取反
```

在使用 Awk 过程中还可以使用条件表达式，条件表达式的运算涉及两个符号，冒号和问号，其实质就是 if…else 语句的捷径，有着和 if…else 相同的结果。

```
[root@localhost ~]# awk -F: '{if($3>200) {print $0}}' /etc/passwd  // 输出第 3 个字段大于 200 的行
  polkitd:x:999:998:User for polkitd:/:/sbin/nologin
  unbound:x:998:997:Unbound DNS resolver:/etc/unbound:/sbin/nologin
  colord:x:997:996:User for colord:/var/lib/colord:/sbin/nologin
  saslauth:x:995:76:"Saslauthd user":/run/saslauthd:/sbin/nologin
  nfsnobody:x:65534:65534:Anonymous NFS User:/var/lib/nfs:/sbin/nologin
  chrony:x:994:993::/var/lib/chrony:/sbin/nologin
  gnome-initial-setup:x:993:991::/run/gnome-initial-setup/:/sbin/nologin
```

```
[root@localhost ~]#  awk -F: '{max=($3 > $4) ? $3: $4; print max}' /etc/passwd
// 如果第 3 个字段的值大于第 4 个字段的值，则把问号前表达式的值赋给 max，否则就将冒号
// 后那个表达式的值赋给 max
[root@localhost ~]# awk -F: '{max=($3>200)? $3: $1; print max}' /etc/passwd
// 如果第 3 个字段的值大于 200，则把第 3 个字段的值赋给 max，否则就将第 1 个字段的
// 值赋给 max
```

（2）按字段输出文本

```
[root@localhost ~]#awk -F: '{print NR, $0}' /etc/passwd
                        // 输出处理数据的行号，每处理完一条记录，NR 值加 1
  1 root:x:0:0:root:/root:/bin/bash
  2 bin:x:1:1:bin:/bin:/sbin/nologin
  3 daemon:x:2:2:daemon:/sbin:/sbin/nologin
  ...
[root@localhost ~]# awk -F ":" '$3 < 5 {print $1 $3 }' /etc/passwd
                        // 输出第 3 列小于 5 的第 1 列与第 3 列数据
  root0
  bin1
  daemon2
  adm3
  lp4
[root@localhost ~]# awk -F ":" '($1~"root")&&(NF==7){print $1,$3}' /etc/passwd
                // 输出包含 7 个字段，并且第 1 个字段中包含 root 的行的第 1 与第 2 个字段内容
  root 0
[root@localhost ~]# awk -F ":" 'NR==3,NR==7{print $1,$7}' /etc/passwd
                // 输出第 3 行到第 7 行中以冒号为分隔符的第 1 列与第 7 列的数据
  daemon /sbin/nologin
  adm /sbin/nologin
  lp /sbin/nologin
  sync /bin/sync
  shutdown /sbin/shutdown
```

需要的话，输出数据时还可以插入一些文本标签：

```
[root@localhost ~]# awk -F ":" 'NR==3,NR==7{print "USERNAME:"  $1,"SHELL:"  $7}' /etc/passwd
  USERNAME:daemon SHELL:/sbin/nologin
  USERNAME:adm SHELL:/sbin/nologin
  USERNAME:lp SHELL:/sbin/nologin
  USERNAME:sync SHELL:/bin/sync
  USERNAME:shutdown SHELL:/sbin/shutdown
[root@localhost ~]# awk -F: '/^root/{print "Hi, " $1}' /etc/passwd
  Hi, root
[root@localhost ~]# awk -F ":" '$7~"/bash"{print $1}' /etc/passwd
                        // 输出以冒号分隔且第 7 个字段中包含 /bash 的行的第 1 个字段
  root
```

```
[root@localhost ~]# awk -F':' '{print $1":"$2":"$3":"$4}' /etc/passwd
                    // 保留原来的格式，输出以冒号为分隔，/etc/passwd 文件的前 4 个字段
  root:x:0:0
  bin:x:1:1
  daemon:x:2:2
  ...
[root@localhost ~]# awk -F ":" '{print $1,$3}' /etc/passwd
                    // 输出以冒号为分隔符的第 1 列和第 3 列数据
  root 0
  bin 1
  daemon 2
  ...
```

或者

```
[root@localhost ~]# awk 'BEGIN{FS=":"} {print $1,$3}' /etc/passwd
```

在 FS 之前加一个 BEGIN（注意是大写），当读取第一条数据之前，先把分隔符加上后再进去操作。相似的还有 END，在所有数据处理完毕后执行。

```
[root@localhost ~]# awk 'BEGIN{X=0};/\/bin\/bash$/{x++};END{printx}' /etc/passwd
                              // 统计以 /bin/bash 为结尾的行数
```

Awk 执行顺序就是这样的：首先执行 BEGIN{ } 中的操作；然后从指定的文件中逐行读取数据，自动更新 NF、NR、$0、$1 等内建变量的值，去 s 执行‘模式或条件{ 编辑指令 }’；最后执行 END{ } 中的后续操作。

（3）处理命令输出的结果

Awk 也可以利用管道符“|”处理命令的结果。

```
[root@localhost ~]# date |awk '{print "Month: "$2 "\nYear: ",$6}'
  Month: 03 月
  Year:  CST
```

3. Awk 应用案例

本脚本用来实现对磁盘空间的监控，当磁盘的使用空间超过 90% 则发 E-mail 报警。

```
#!/bin/bash
#monitor available disk space
# 截取以“/”为结尾的行，打印出第 5 个字段也就是跟分区使用百分比，截取掉“%”
SPACE='df | sed -ne '/\/$/ p' | awk '{print $5}' | sed 's/%//'
# 截取出的数据与 90 进行相比，大于 90 给管理员发邮件报警
if [ $SPACE -ge 90 ]
then
echo "Disk spaceis not enough"|mail -s "Disk Alarm"admin@example.com
fi
```

10.4 Shell 编程实战

1. 欢迎脚本

（1）需求描述

为 root 用户编写登录欢迎脚本，成功登录后报告当前主机中的进程数、已登录用户数、登录的用户名、根文件系统的磁盘使用率。

（2）实现步骤

1）新建脚本文件 welcome.sh，用来输出各种监控信息。

```
[root@localhost ~]# vi /root/welcome.sh
#!/bin/bash
# 此脚本用于显示进程数，登录的用户数与用户名，根分区的磁盘使用率
echo " 已开启进程数：$(($(ps aux | wc -l)-1))" # 注意要减 1
echo " 已登录用户数：$(who | wc -l)"
echo " 已登录的用户账号：$(who | awk '{print $1}')"
echo " 根分区磁盘使用率：$(df -h | grep "/$" | awk '{print $5}')"
[root@localhost ~]# chmod +x /root/welcome.sh
```

2）修改 /root/.bash_profile 文件，调用 welcome.sh 脚本程序。

```
[root@localhost ~]# vi /root/.bash_profile
……            // 省略部分内容
/root/welcome.sh
```

3）使用 root 用户重新登录，验证欢迎脚本的输出信息。

2. MAC 记录与端口扫描脚本

（1）需求描述

- 编写名为 system.sh 的脚本，记录局域网中各主机的 MAC 地址，保存到 /etc/ethers 文件中；若此文件已存在，应先转移进行备份；每行一条记录，第 1 列为 IP 地址，第 2 列为对应的 MAC 地址。
- 检查有哪些主机开启了匿名 FTP 服务，扫描对象为 /etc/ethers 文件中的所有 IP 地址，扫描的端口为 21。

（2）实现步骤

```
[root@localhost ~]# vi system.sh
#!/bin/bash
# 定义网段地址、MAC 列表文件
NADD="192.168.4."
FILE="/etc/ethers"
# 发送 ARP 请求，并记录反馈结果
[ -f $FILE ] && /bin/cp -f $FILE $FILE.old          # 备份原有文件
```

```
HADD=1                                          # 定义起始扫描地址
while [ $HADD -lt 254 ]
do
   arping -c 2 -w 1 ${NADD}${HADD} &> /dev/null
   if [ $? -eq 0 ] ; then
     arp -n | grep ${NADD}${HADD} | awk '{print $1,$3}' >> $FILE
   fi
   let HADD++
done

TARGET=$(awk '{print $1}' /etc/ethers)
echo " 以下主机已开放匿名 FTP 服务："
for IP in $TARGET
do
   wget ftp://$IP/ &> /dev/null
     if [ $? -eq 0 ] ; then
        echo $IP
        rm -rf index.html    # 事先在 ftp 服务器上准备下载文件，测试后删除
     fi
done

[root@localhost ~]# chmod +x system.sh
[root@localhost ~]# ./sysem.sh                  # 执行检测程序
[root@localhost ~]# cat /etc/ethers             # 确认记录结果
```

3. 开发系统监控脚本

（1）需求描述

- 编写名为 sysmon.sh 的 Shell 监控脚本。
- 监控内容包括 CPU 使用率、内存使用率、根分区的磁盘占用率。
- 百分比只需精确到个位，如 7%、12%、23% 等。
- 出现以下任一情况时告警：磁盘占用率超过 90%、CPU 使用率超过 80%、内存使用率超过 90%，告警邮件通过 mail 命令发送到指定邮箱。
- 结合 crond 服务，每半小时执行一次监控脚本。

（2）实现步骤

1）编写 Shell 监控脚本。

```
[root@localhost ~]# vi /root/sysmon.sh
#!/bin/bash
# 提取性能监控指标（磁盘占用、CPU 使用、内存使用）
DUG=$(df -h | grep "/$" | awk '{print $5}' | awk -F% '{print $1}')
CUG=$(expr 100 - $(mpstat | tail -1 | awk '{print $12}' | awk -F. '{print $1}'))
MUG=$(expr $(free | grep "cache:" | awk '{print $3}') \* 100 / $(free | grep "Mem:" | awk '{print $2}'))
# 设置告警日志文件、告警邮箱
ALOG="/tmp/alert.txt"
```

```
AMAIL="root@localhost"
# 判断是否记录告警
if [ $DUG -gt 90 ]
then
   echo " 磁盘占用率：$DUG %" >> $ALOG
fi
if [ $CUG -gt 80 ]
then
   echo "CPU 使用率：$CUG %" >> $ALOG
fi
if [ $MUG -gt 90 ]
then
   echo " 内存使用率：$MUG %" >> $ALOG
fi
# 判断是否发送告警邮件，最后删除告警日志文件
if [ -f $ALOG ]
then
   cat $ALOG | mail -s "Host Alert" $AMAIL
   rm -rf $ALOG
fi
[root@localhost ~]# chmod +x /root/sysmon.sh
```

2）测试 sysmon.sh 脚本的执行情况。

首先确认有可用的邮件服务器（如 Postfix、Sendmail 等），然后调低监控阈值，执行 sysmon.sh 脚本进行测试。

```
[root@localhost ~]# /root/sysmon.sh
```

然后查收 root@localhost 的邮箱，确认告警邮件内容。

```
[root@localhost ~]$ mail
```

3）设置 crontab 计划任务。

首先确认系统服务 crond 已经运行。

```
[root@localhost ~]# /etc/init.d/crond status
crond (pid  5839) 正在运行 ...
```

然后添加 crontab 计划任务配置，每半小时调用一次 sysmon.sh 脚本程序。

```
[root@localhost ~]# crontab -e
*/30 * * * * /root/sysmon.sh
```

本章总结

- 正则表达式是一系列字符串处理的标准依据，许多程序的设计语言都支持正则表达式的操作，通常借助于文本处理工具用来检索、过滤以及替换某些符合某种规则的文本。

- Sed 与 Awk 是依赖于正则表达式的优秀的文本处理工具，可以对指定的文本数据进行特定操作。
- Awk 适合对文本进行抽取处理，Sed 更加适合对文本进行编辑操作。

本章作业

1．分别简述 Sed 与 Awk 命令的语法结构。

2．怎样使用 Sed 命令批量删除配置文件中的“#”号？

3．编写一个脚本程序 meminfo.sh，用来监控当前内存的使用情况，如果内存使用率大于 80%，发送邮件到 admin@example.com 报警。

4．用课工场 APP 扫一扫，完成在线测试，快来挑战吧！

第11章

Linux 防火墙（一）

技能目标

- 熟悉 Linux 防火墙的表、链结构
- 理解数据包匹配的基本流程
- 学会编写 iptables 规则

本章导读

在 Internet 中，企业通过架设各种应用系统来为用户提供各种网络服务，如 Web 网站、电子邮件系统、FTP 服务器、数据库系统等。那么，如何来保护这些服务器，过滤企业不需要的访问甚至是恶意的入侵呢？

本章及下章将学习 CentOS 6 系统中的防火墙——netfilter 和 iptables，以及 CentOS 7 系统中的防火墙 firewalld。

知识服务

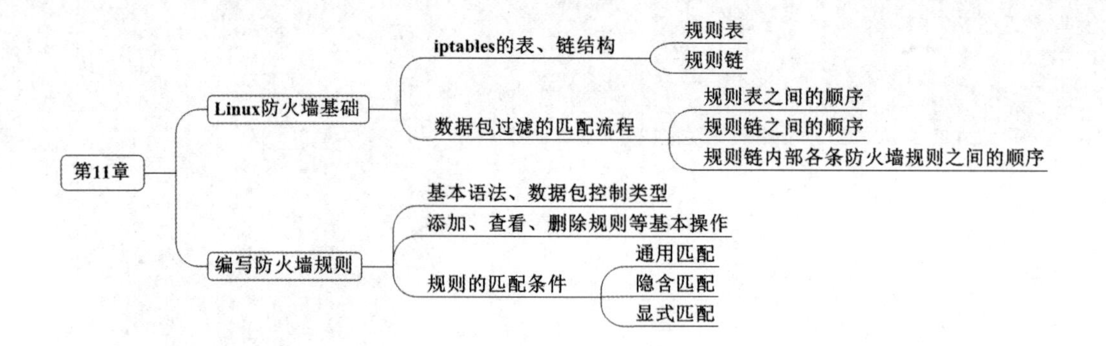

11.1 Linux 防火墙基础

Linux 的防火墙体系主要工作在网络层，针对 TCP/IP 数据包实施过滤和限制，属于典型的包过滤防火墙（或称为网络层防火墙）。Linux 系统的防火墙体系基于内核编码实现，具有非常稳定的性能和极高的效率，也因此获得广泛的应用。

在许多安全技术资料中，netfilter 和 iptables 都用来指 Linux 防火墙，往往使读者产生迷惑。netfilter 和 iptables 的主要区别如下。

- netfilter：指的是 Linux 内核中实现包过滤防火墙的内部结构，不以程序或文件的形式存在，属于“内核态”（Kernel Space，又称为内核空间）的防火墙功能体系。
- iptables：指的是用来管理 Linux 防火墙的命令程序，通常位于 /sbin/iptables 目录下，属于“用户态”（User Space，又称为用户空间）的防火墙管理体系。

正确认识 netfilter 和 iptables 的关系，有助于理解 Linux 防火墙的工作方式。后续课程内容中将不再严格区分 netfilter 和 iptables，两者均可表示 Linux 防火墙。

11.1.1 iptables 的表、链结构

iptables 的作用是为包过滤机制的实现提供规则（或称为策略），通过各种不同的规则，告诉 netfilter 对来自某些源、前往某些目的或具有某些协议特征的数据包应该如何处理。为了更加方便地组织和管理防火墙规则，iptables 采用了“表”和“链”的分层结构，如图 11.1 所示。

其中，每个规则“表”相当于内核空间的一个容器，根据规则集的不同用途划分为默认的四个表；在每个“表”容器内包括不同的规则“链”，根据处理数据包的不同时机划分为五种链；而决定是否过滤或处理数据包的各种规则，按先后顺序存放在各规则链中。

1. 规则表

为了从规则集的功能上有所区别，iptables 管理着四个不同的规则表，其功能分别由独立的内核模块实现。这四个表的名称、包含的链及各自的用途如下。

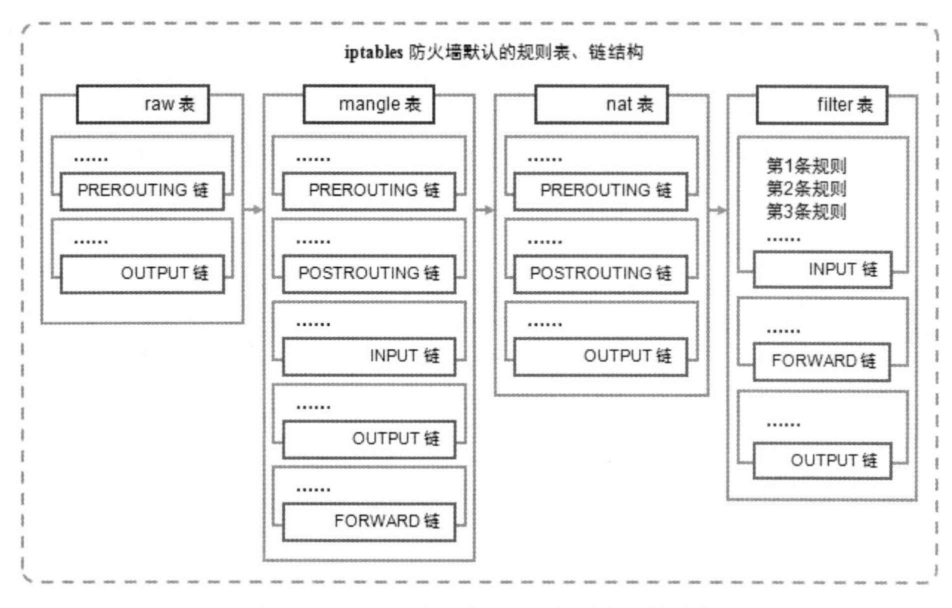

图 11.1　iptables 防火墙默认的规则表、链结构

- filter 表：filter 表用来对数据包进行过滤，根据具体的规则要求决定如何处理一个数据包。filter 表对应的内核模块为 iptable_filter，表内包含三个链，即 INPUT、FORWARD、OUTPUT。
- nat 表：nat（Network Address Translation，网络地址转换）表主要用来修改数据包的 IP 地址、端口号等信息。nat 表对应的内核模块为 iptable_nat，表内包含三个链，即 PREROUTING、POSTROUTING、OUTPUT。
- mangle 表：mangle 表用来修改数据包的 TOS（Type Of Service，服务类型）、TTL（Time To Live，生存周期），或者为数据包设置 Mark 标记，以实现流量整形、策略路由等高级应用。mangle 表对应的内核模块为 iptable_mangle，表内包含五个链，即 PREROUTING、POSTROUTING、INPUT、OUTPUT、FORWARD。
- raw 表：raw 表是自 1.2.9 以后版本的 iptables 新增的表，主要用来决定是否对数据包进行状态跟踪。raw 表对应的内核模块为 iptable_raw，表内包含两个链，即 OUTPUT、PREROUTING。

在 iptables 的四个规则表中，mangle 表和 raw 表的应用相对较少。因此，本课程仅介绍 filter 表和 nat 表的防火墙应用，关于 mangle、raw 表的使用，请参阅其他资料。

2. 规则链

在处理各种数据包时，根据防火墙规则的不同介入时机，iptables 默认划分为五种不同的规则链。这五种链的名称、各自的介入时机如下。

- INPUT 链：当收到访问防火墙本机地址的数据包（入站）时，应用此链中的规则。

- OUTPUT 链：当防火墙本机向外发送数据包（出站）时，应用此链中的规则。
- FORWARD 链：当接收到需要通过防火墙中转发送给其他地址的数据包（转发）时，应用此链中的规则。
- PREROUTING 链：在对数据包做路由选择之前，应用此链中的规则。
- POSTROUTING 链：在对数据包做路由选择之后，应用此链中的规则。

其中，INPUT、OUTPUT 链主要用在“主机型防火墙”中，即主要针对服务器本机进行保护的防火墙；而 FORWARD、PREROUTING、POSTROUTING 链多用在“网络型防火墙”中，如使用 Linux 防火墙作为网关服务器，在公司内网与 Internet 之间进行安全控制。

11.1.2 数据包过滤的匹配流程

iptables 管理着四个默认表和五种链，各种防火墙规则依次存放在链中。那么当一个数据包到达防火墙以后，会优先使用哪一个表、哪一个链中的规则呢？数据包进出防火墙时的处理过程是怎样的？

下面从不同角度分别介绍数据包过滤的匹配流程。

1. 规则表之间的顺序

当数据包抵达防火墙时，将依次应用 raw 表、mangle 表、nat 表和 filter 表中对应链内的规则（如果存在），应用顺序为 raw → mangle → nat → filter。

2. 规则链之间的顺序

根据规则链的划分原则，不同链的处理时机是比较固定的，因此规则链之间的应用顺序取决于数据包的流向，如图 11.2 所示，具体表述如下。

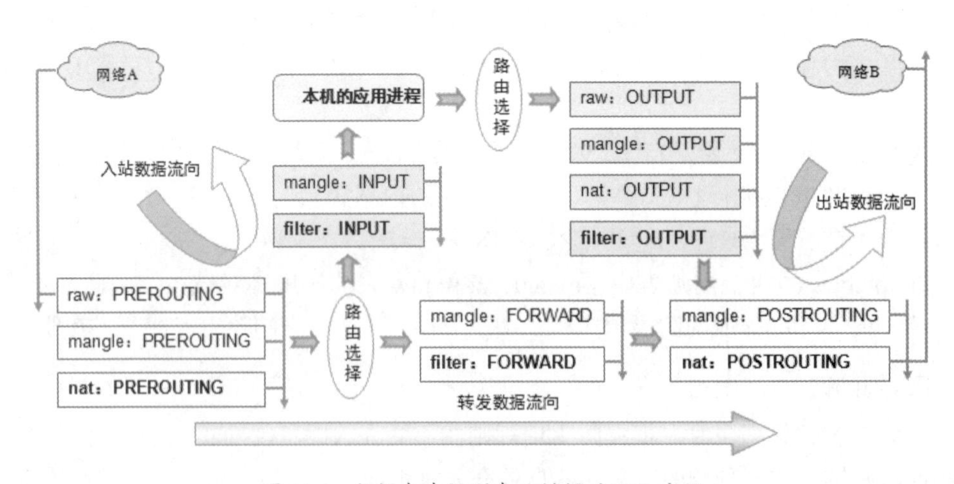

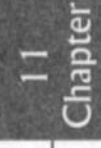

图 11.2 数据包在规则表、链间的匹配流程

- 入站数据流向：来自外界的数据包到达防火墙后，首先被 PREROUTING 链处理（是否修改数据包地址等），然后进行路由选择（判断该数据包应发往

何处）；如果数据包的目标地址是防火墙本机（如 Internet 用户访问网关的 Web 服务端口），那么内核将其传递给 INPUT 链进行处理（决定是否允许通过等），通过以后再交给系统上层的应用程序（如 httpd 服务器）进行响应。

- 转发数据流向：来自外界的数据包到达防火墙后，首先被 PREROUTING 链处理，然后再进行路由选择；如果数据包的目标地址是其他外部地址（如局域网用户通过网关访问 QQ 服务器），则内核将其传递给 FORWARD 链进行处理（允许转发或拦截、丢弃），最后交给 POSTROUTING 链进行处理（是否修改数据包的地址等）。
- 出站数据流向：防火墙本机向外部地址发送的数据包（如在防火墙主机中测试公网 DNS 服务时），首先被 OUTPUT 链处理，然后进行路由选择，再交给 POSTROUTING 链进行处理（是否修改数据包的地址等）。

3. 规则链内部各条防火墙规则之间的顺序

当数据包经过每条规则链时，依次按第一条规则、第二条规则……的顺序进行匹配和处理。链内的过滤遵循“匹配即停止”的原则，一旦找到一条相匹配的规则（使用 LOG 日志操作的规则除外，11.2.3 节会介绍），则不再检查本链内后续的其他规则。如果比对完整个链，也找不到与数据包相匹配的规则，就按照该规则链的默认策略进行处理。

11.2 编写防火墙规则

本节主要介绍 netfilter 防火墙的管理工具——iptables 命令的使用，包括基本的语法格式、数据包控制类型，以及如何管理、编写防火墙规则等。

11.2.1 基本语法、数据包控制类型

使用 iptables 命令管理、编写防火墙规则时，基本的命令格式如下所示。

```
iptables [-t 表名 ] 管理选项 [ 链名 ] [ 匹配条件 ] [-j 控制类型 ]
```

其中，表名、链名用来指定 iptables 命令所操作的表和链，未指定表名时将默认使用 filter 表；管理选项表示 iptables 规则的操作方式，如插入、增加、删除、查看等；匹配条件用来指定要处理的数据包的特征，不符合指定条件的数据包将不会被处理；控制类型指的是数据包的处理方式，如允许、拒绝、丢弃等。

对于防火墙，数据包的控制类型非常关键，直接关系到数据包的放行、封堵及做相应的日志记录等。在 iptables 防火墙体系中，最常用的几种控制类型如下。

- ACCEPT：允许数据包通过。
- DROP：直接丢弃数据包，不给出任何回应信息。
- REJECT：拒绝数据包通过，必要时会给数据发送端一个响应信息。

- LOG：在 /var/log/messages 文件中记录日志信息，然后将数据包传递给下一条规则。防火墙规则的“匹配即停止”对于 LOG 操作来说是一个特例，因为 LOG 只是一种辅助动作，并没有真正处理数据包。

下面介绍一个防火墙规则操作示例：在 filter 表（-t filter）的 INPUT 链中插入（-I）一条规则，拒绝（-j REJECT）发给本机的使用 ICMP 协议的数据包（-p icmp）。

```
[root@localhost ~]# iptables -t filter -I INPUT -p icmp -j REJECT
```

上述操作产生的直接效果是其他主机无法 ping 通本机。

11.2.2 添加、查看、删除规则等基本操作

在熟练编写各种防火墙规则之前，首先需要掌握查看规则、添加规则、删除规则、清空链内规则等基本操作。下面将介绍 iptables 命令中常用的几个管理选项，如表 11-1 所示。

表 11-1 iptables 命令的常用管理选项

选项名	功能及特点
-A	在指定链的末尾添加（--append）一条新的规则
-D	删除（--delete）指定链中的某一条规则，可指定规则序号或具体内容
-I	在指定链中插入（--insert）一条新的规则，未指定序号时默认作为第一条规则
-R	修改、替换（--replace）指定链中的某一条规则，可指定规则序号或具体内容
-L	列出（--list）指定链中所有的规则，若未指定链名，则列出表中的所有链
-F	清空（--flush）指定链中的所有规则，若未指定链名，则清空表中的所有链
-P	设置指定链的默认策略（--policy）
-n	使用数字形式（--numeric）显示输出结果，如显示 IP 地址而不是主机名
-v	查看规则列表时显示详细（--verbose）的信息
-h	查看命令帮助信息（--help）
--line-numbers	查看规则列表时，同时显示规则在链中的顺序号

其中，添加、删除、清空和查看规则是最常见的管理操作，下面通过一些规则操作示例来展示相关选项的使用。

1. 添加新的规则

添加新的防火墙规则时，使用管理选项“-A”“-I”，前者用来追加规则，后者用来插入规则。例如，若要在 filter 表 INPUT 链的末尾添加一条防火墙规则，可以执行以下操作（其中“-p 协议名”作为匹配条件）。

```
[root@localhost ~]# iptables -t filter -A INPUT -p tcp -j ACCEPT
```

当使用管理选项“-I”时，允许同时指定新添加规则的顺序号，未指定序号时默

认作为第一条。例如，以下操作添加的两条规则将分别位于 filter 表的第一条、第二条（其中省略了“-t filter”选项，默认使用 filter 表）。

```
[root@localhost ~]# iptables -I INPUT -p udp -j ACCEPT
[root@localhost ~]# iptables -I INPUT 2 -p icmp -j ACCEPT
```

2. 查看规则列表

查看已有的防火墙规则时，使用管理选项“-L”，结合“--line-numbers”选项还可显示各条规则在链内的顺序号。例如，若要查看 filter 表 INPUT 链中的所有规则，并显示规则序号，可以执行以下操作。

```
[root@localhost ~]# iptables -L INPUT --line-numbers
Chain INPUT (policy ACCEPT)
num  target     prot opt source        destination
1    ACCEPT     udp  --  anywhere      anywhere
2    ACCEPT     icmp --  anywhere      anywhere
3    REJECT     icmp --  anywhere      anywhere      reject-with ic
mp-port-unreachable
4    ACCEPT     all  --  anywhere      anywhere      state RELATED,
ESTABLISHED
5    ACCEPT     icmp --  anywhere      anywhere
6    ACCEPT     all  --  anywhere      anywhere
7    ACCEPT     tcp  --  anywhere      anywhere      state NEW tcp
dpt:ssh
8    REJECT     all  --  anywhere      anywhere      reject-with ic
mp-host-prohibited
9    ACCEPT     tcp  --  anywhere      anywhere
```

当防火墙规则的数量较多时，若能够以数字形式显示地址和端口信息，可以减少地址解析的环节，在一定程度上加快命令执行的速度。例如，若要以数字地址形式查看 filter 表 INPUT 链中的所有规则，可以执行以下操作。

```
[root@localhost ~]# iptables –n -L INPUT          // "-n -L" 可合写为 "-nL"
Chain INPUT (policy ACCEPT)
target     prot opt source        destination
ACCEPT     udp  --  0.0.0.0/0     0.0.0.0/0
ACCEPT     icmp --  0.0.0.0/0     0.0.0.0/0
REJECT     icmp --  0.0.0.0/0     0.0.0.0/0 reject-with icmp-port-unreachable
ACCEPT     tcp  --  0.0.0.0/0     0.0.0.0/0
```

3. 删除、清空规则

删除一条防火墙规则时，使用管理选项“-D”。例如，若要删除 filter 表 INPUT 链中的第三条规则，可以执行以下操作。

```
[root@localhost ~]# iptables -D INPUT 3
[root@localhost ~]# iptables -n -L INPUT          // 确认删除效果
```

```
Chain INPUT (policy ACCEPT)
target      prot opt source       destination
ACCEPT      udp  --  0.0.0.0/0    0.0.0.0/0
ACCEPT      icmp --  0.0.0.0/0    0.0.0.0/0
ACCEPT      tcp  --  0.0.0.0/0    0.0.0.0/0
```

清空指定链或表中的所有防火墙规则，使用管理选项“-F”。例如，若要清空filter表INPUT链中的所有规则，可以执行以下操作。

```
[root@localhost ~]# iptables -F INPUT
[root@localhost ~]# iptables -n -L INPUT              // 确认删除效果
Chain INPUT (policy ACCEPT)
target     prot opt source              destination
```

使用管理选项“-F”时，允许省略链名而清空指定表所有链的规则。例如，执行以下操作分别用来清空filter表、nat表、mangle表。

```
[root@localhost ~]# iptables -F
[root@localhost ~]# iptables -t nat -F
[root@localhost ~]# iptables -t mangle -F
```

4. 设置默认策略

iptables的各条链中，默认策略是规则匹配的最后一个环节——当找不到任何一条能够匹配数据包的规则时，则执行默认策略。默认策略的控制类型为ACCEPT（允许）、DROP（丢弃）两种。例如，执行以下操作可以将filter表中FORWARD链的默认策略设为丢弃，OUTPUT链的默认策略设为允许。

```
[root@localhost ~]# iptables -t filter -P FORWARD DROP
[root@localhost ~]# iptables -P OUTPUT ACCEPT
```

需要注意的是，当使用管理选项“-F”清空链时，默认策略不受影响。因此若要修改默认策略，必须通过管理选项“-P”重新进行设置。另外，默认策略并不参与链内规则的顺序编排，因此在其他规则之前或之后设置并无区别。

11.2.3 规则的匹配条件

在编写防火墙规则时，匹配条件的设置起着决定性的作用。只有清晰、准确地设置好匹配条件，防火墙才知道要对符合什么条件的数据包进行处理，避免“误杀”。对于同一条防火墙规则，可以指定多个匹配条件，表示这些条件必须都满足规则才会生效。根据数据包的各种特征，结合iptables的模块结构，匹配条件的设置包括三大类：通用匹配、隐含匹配、显式匹配。

1. 通用匹配

通用匹配也称为常规匹配，这种匹配方式可以独立使用，不依赖于其他条件或扩展模块。常见的通用匹配包括协议匹配、地址匹配、网络接口匹配。

（1）协议匹配

编写 iptables 规则时使用“-p 协议名”的形式指定，用来检查数据包所使用的网络协议（--protocol），如 tcp、udp、icmp 和 all（针对所有 IP 数据包）等，可用的协议类型存放于 Linux 系统的 /etc/protocols 文件中。例如，若要丢弃通过 icmp 协议访问防火墙本机的数据包，允许转发经过防火墙的除 icmp 协议之外的数据包，可以执行以下操作。

```
[root@localhost ~]# iptables -I INPUT -p icmp -j DROP
[root@localhost ~]# iptables -A FORWARD ! -p icmp -j ACCEPT        //感叹号“!”表示取反
```

（2）地址匹配

编写 iptables 规则时使用“-s 源地址”或“-d 目标地址”的形式指定，用来检查数据包的源地址（--source）或目标地址（--destination）。IP 地址、网段地址等都是可以接受的，但不建议使用主机名、域名地址（解析过程会影响效率）。例如，若要拒绝转发源地址为 192.168.1.11 的数据，允许转发源地址位于 192.168.7.0/24 网段的数据，可以执行以下操作。

```
[root@localhost ~]# iptables -A FORWARD -s 192.168.1.11 -j REJECT
[root@localhost ~]# iptables -A FORWARD -s 192.168.7.0/24 -j ACCEPT
```

当遇到小规模的网络扫描或攻击时，封锁 IP 地址是比较有效的方式。例如，若检测到来自某个网段（如 10.20.30.0/24）的频繁扫描、登录穷举等不良企图，可立即添加防火墙规则进行封锁。

```
[root@localhost ~]# iptables -I INPUT -s 10.20.30.0/24 -j DROP
[root@localhost ~]# iptables -I FORWARD -s 10.20.30.0/24 -j DROP
```

（3）网络接口匹配

编写 iptables 规则时使用“-i 接口名”和“-o 接口名”的形式，用于检查数据包从防火墙的哪一个接口进入或发出，分别对应入站网卡（--in-interface）、出站网卡（--out-interface）。例如，若要丢弃从外网接口（eth1）访问防火墙本机且源地址为私有地址的数据包，可以执行以下操作。

```
[root@localhost ~]# iptables -A INPUT -i eth1 -s 10.0.0.0/8 -j DROP
[root@localhost ~]# iptables -A INPUT -i eth1 -s 172.16.0.0/12 -j DROP
[root@localhost ~]# iptables -A INPUT -i eth1 -s 192.168.0.0/16 -j DROP
```


2. 隐含匹配

这种匹配方式要求以指定的协议匹配作为前提条件，相当于子条件，因此无法独立使用，其对应的功能由 iptables 在需要时自动（隐含）载入内核。常见的隐含匹配包括端口匹配、TCP 标记匹配、ICMP 类型匹配。

（1）端口匹配

编写 iptables 规则时使用“--sport 源端口”或“--dport 目标端口”的形式，针对的协议为 TCP 或 UDP，用来检查数据包的源端口（--source-port）或目标端口

（--destination-port）。单个端口号或者以冒号“:”分隔的端口范围都是可以接受的，但不连续的多个端口不能采用这种方式。例如，若要允许为网段 192.168.4.0/24 转发 DNS 查询数据包，可以执行以下操作。

```
[root@localhost ~]# iptables -A FORWARD -s 192.168.4.0/24 -p udp --dport 53 -j ACCEPT
[root@localhost ~]# iptables -A FORWARD -d 192.168.4.0/24 -p udp --sport 53 -j ACCEPT
```

再例如，构建 vsftpd 服务器时，若要开放 20、21 端口，以及用于被动模式的端口范围为 24500 ～ 24600，可以参考以下操作设置防火墙规则。

```
[root@localhost ~]# iptables -A INPUT -p tcp --dport 20:21 -j ACCEPT
[root@localhost ~]# iptables -A INPUT -p tcp --dport 24500:24600 -j ACCEPT
```

（2）ICMP 类型匹配

编写 iptables 规则时使用“--icmp-type ICMP 类型”的形式，针对的协议为 ICMP，用来检查 ICMP 数据包的类型（--icmp-type）。ICMP 类型使用字符串或数字代码表示，如“Echo-Request”（代码为 8）、“Echo-Reply”（代码为 0）、“Destination-Unreachable”（代码为 3），分别对应 ICMP 协议的请求、回显、目标不可达。例如，若要禁止从其他主机 ping 本机，但是允许本机 ping 其他主机，可以执行以下操作。

```
[root@localhost ~]# iptables -A INPUT -p icmp --icmp-type 8 -j DROP
[root@localhost ~]# iptables -A INPUT -p icmp --icmp-type 0 -j ACCEPT
[root@localhost ~]# iptables -A INPUT -p icmp --icmp-type 3 -j ACCEPT
[root@localhost ~]# iptables -A INPUT -p icmp -j DROP
```

关于可用的 ICMP 协议类型，可以执行“iptables -p icmp -h”命令，在帮助信息的最后部分列出了所有支持的类型。

```
[root@localhost ~]# iptables -p icmp -h
……          // 省略部分内容
Valid ICMP Types:
any
echo-reply (pong)
destination-unreachable
  network-unreachable
  host-unreachable
……          // 省略部分内容
```

3. 显式匹配

这种匹配方式要求有额外的内核模块提供支持，必须手动以“-m 模块名称”的形式调用相应的模块，然后方可设置匹配条件。添加了带显式匹配条件的规则以后，可以执行“lsmod | grep xt_”命令查看到相关的内核扩展模块（如 xt_multiport、xt_iprange、xt_mac、xt_state）。常见的显式匹配包括多端口匹配、IP 范围匹配、MAC 地址匹配、状态匹配。

（1）多端口匹配

编写 iptables 规则时使用“-m multiport --dports 端口列表”“-m multiport --sports 端口列表”的形式，用来检查数据包的源端口、目标端口，多个端口之间以逗号进行分隔。例如，若要允许本机开放 25、80、110、143 端口，以便提供电子邮件服务，可以执行以下操作。

```
[root@localhost ~]# iptables -A INPUT -p tcp -m multiport --dport 25,80, 110,143 -j ACCEPT
```

（2）IP 范围匹配

编写 iptables 规则时使用“-m iprange --src-range IP 范围”“-m iprange --dst-range IP 范围”的形式，用来检查数据包的源地址、目标地址，其中 IP 范围采用“起始地址 - 结束地址”的形式表示。例如，若要禁止转发源 IP 地址位于 192.168.4.21 与 192.168.4.28 之间的 TCP 数据包，可以执行以下操作。

```
[root@localhost ~]# iptables -A FORWARD -p tcp -m iprange --src-range 192. 168.4.21-192.168.4.
    28 -j ACCEPT
```

（3）MAC 地址匹配

编写 iptables 规则时使用“-m mac --mac-source MAC 地址”的形式，用来检查数据包的源 MAC 地址。由于 MAC 地址本身的局限性，此类匹配条件一般只适用于内部网络。例如，若要根据 MAC 地址封锁主机，禁止其访问本机的任何应用，可以参考以下操作。

```
[root@localhost ~]# iptables -A INPUT -m mac --mac-source 00:0c:29:c0: 55:3f -j DROP
```

（4）状态匹配

编写 iptables 规则时使用“-m state --state 连接状态”的形式，基于 iptables 的状态跟踪机制用来检查数据包的连接状态（State）。常见的连接状态包括 NEW（与任何连接无关的）、ESTABLISHED（响应请求或者已建立连接的）和 RELATED（与已有连接有相关性的，如 FTP 数据连接）。例如，若要禁止转发与正常 TCP连接无关的非 --syn 请求数据包（如伪造的网络攻击数据包），可以执行以下操作。

```
[root@localhost ~]# iptables -A FORWARD -m state --state NEW -p tcp ! --syn -j DROP
```

再例如，若只开放本机的 Web 服务（80 端口），但对发给本机的 TCP 应答数据包予以放行，其他入站数据包均丢弃，则对应的入站控制规则可参考以下操作。

```
[root@localhost ~]# iptables -I INPUT -p tcp -m multiport --dport 80 -j  ACCEPT
[root@localhost ~]# iptables -I INPUT -p tcp -m state --state ESTABLISHED -j ACCEPT
[root@localhost ~]# iptables -P INPUT DROP
```

本章总结

- netfilter 是实现包过滤防火墙功能的内核机制，iptables 是管理防火墙规则的用户态工具。

- iptables 的规则体系默认包括四个表（filter、nat、mangle、raw）和五种链（INPUT、OUTPUT、FORWARD、PREROUTING、POSTROUTING）。
- 表的匹配顺序为 raw → mangle → nat → filter；链的匹配顺序取决于具体的数据流向；链内的规则遵循“匹配即停止”的原则，但 LOG 操作除外。
- iptables 规则的匹配条件类型包括通用匹配、隐含匹配、显式匹配，其中显式匹配必须以“-m 模块名称”加载模块。

本章作业

1．在 Linux 防火墙体系中，netfilter 和 iptables 的关系是什么？

2．简述 netfilter 防火墙默认的规则表、链结构。

3．编写 iptables 规则，禁止从 eth1 网卡进入的 HTTP 访问请求。

4．编写 iptables 规则，禁止所有外部的 TCP 入站连接，但对于外网响应本机 TCP 请求的数据包要允许通行。

5．编写 iptables 规则，针对局域网用户访问 Internet 进行 DNS 查询的过程，允许通过防火墙进行转发（防火墙的外网接口为 eth1）。

6．用课工场 APP 扫一扫，完成在线测试，快来挑战吧！

第12章

Linux 防火墙（二）

技能目标

- 学会利用 SNAT 策略共享上网
- 学会利用 DNAT 策略发布内网服务器
- 学会编写简单的防火墙脚本
- 学会 firewalld 防火墙

本章导读

通过上一章的学习，我们认识了 Linux 防火墙的表、链结构，并学会了编写简单的防火墙规则。Linux 防火墙在很多时候承担着连接企业内、外网的重任，除了提供数据包过滤功能以外，还提供一些基本的网关应用。

本章将学习 Linux 防火墙的 SNAT 和 DNAT 策略，防火墙脚本的使用。还将学习 CentOS 7 系统中的防火墙 firewalld。

知识服务

- 第12章
  - SNAT策略及应用
    - SNAT策略概述
    - SNAT策略的应用
  - DNAT策略及应用
    - DNAT策略概述
    - DNAT策略的应用
  - 规则的导出、导入
    - 规则的备份及还原
    - 使用iptables服务
  - 使用防火墙脚本
    - 防火墙脚本的构成
    - 防火墙脚本示例
  - firewalld防火墙
    - 区域的概念
    - 字符管理工具
    - 图形管理工具

12.1 SNAT 策略及应用

SNAT（Source Network Address Translation，源地址转换）是 Linux 防火墙的一种地址转换操作，也是 iptables 命令中的一种数据包控制类型，其作用是根据指定条件修改数据包的源 IP 地址。

12.1.1 SNAT 策略概述

随着 Internet 网络在全世界范围内的快速发展，IPv4 协议支持的可用 IP 地址资源逐渐变少，资源匮乏使得许多企业难以申请更多的公网 IP 地址，或者只能承受一个或者少数几个公网 IP 地址的费用。而与此同时，大部分企业面临着将局域网内的主机接入 Internet 的需求。

通过在网关中应用 SNAT 策略，可以解决局域网共享上网的问题。下面以一个小型的企业网络为例。Linux 网关服务器通过两块网卡 eth0、eth1 分别连接 Internet 和局域网，如图 12.1 所示，分析局域网主机访问 Internet 的情况。

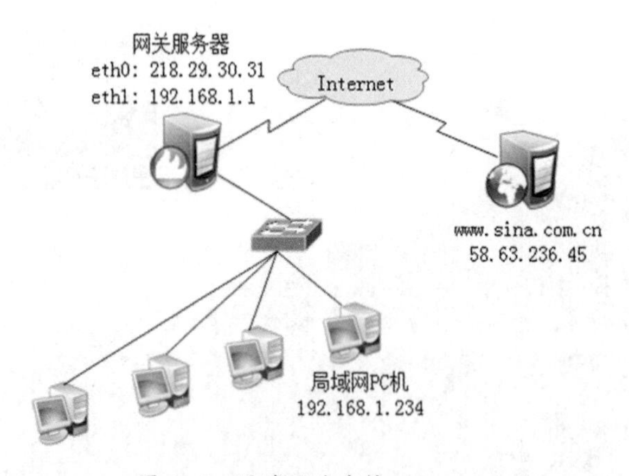

图 12.1　局域网共享接入 Internet

1. 只开启路由转发，未设置地址转换的情况

正常情况下，作为网关的 Linux 服务器必须打开路由转发，才能沟通多个网络。未使用地址转换策略时，从局域网 PC（如 192.168.1.234）访问 Internet 的数据包经过网关转发后其源 IP 地址保持不变，当 Internet 中的主机收到这样的请求数据包后，响应数据包将无法正确返回（私有地址不能在 Internet 中正常路由），从而导致访问失败，如图 12.2 所示。

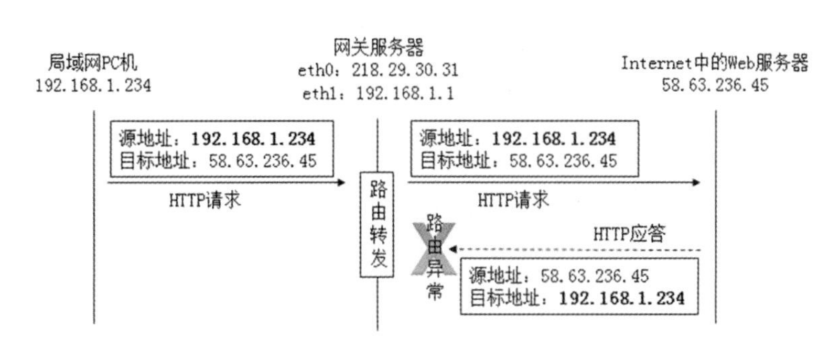

图 12.2　未设置 SNAT 转换时的访问情况

2. 开启路由转发，并设置 SNAT 转换的情况

如果在网关服务器中正确应用 SNAT 策略，数据包转发情况就不一样了。当局域网 PC 访问 Internet 的数据包到达网关服务器时，会先进行路由选择，若发现该数据包需要从外网接口（如 eth0）向外转发，则将其源 IP 地址（如 192.168.1.234）修改为网关的外网接口地址（如 218.29.30.31），然后才发送给目标主机（如 58.63.236.45）。相当于从网关服务器的公网 IP 地址提交数据访问请求，目标主机也可以正确返回响应数据包，如图 12.3 所示。最终实现局域网 PC 共享同一个公网 IP 地址接入 Internet。

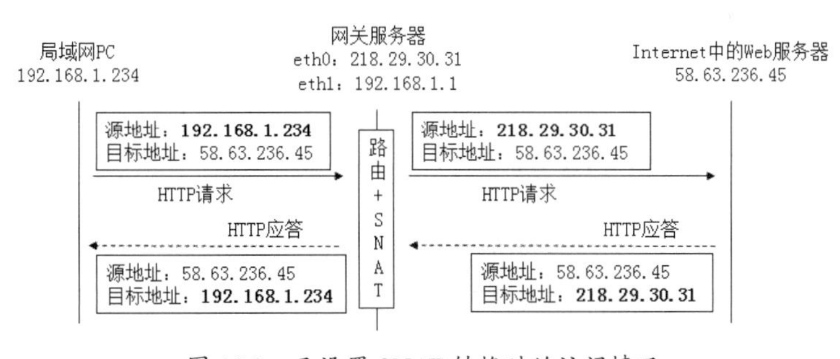

图 12.3　已设置 SNAT 转换时的访问情况

在上述 SNAT 转换地址的过程中，网关服务器会根据之前建立的 SNAT 映射，将响应数据包正确返回局域网中的源主机。因此，只要连接的第一个包被 SNAT 处理了，那么这个连接及对应数据流的其他包也会自动地被进行 SNAT 处理。另一方面，Internet 中的服务器并不知道局域网 PC 的实际 IP 地址，中间的转换完全由网关主机完成，一定程度上也起到了保护内部网络的作用。

12.1.2 SNAT 策略的应用

从上一小节的介绍中，我们大致可以了解，SNAT 的典型应用是为局域网共享上网提供接入策略，处理数据包的切入时机是在路由选择之后（POSTROUTING）进行。关键操作是将局域网外发数据包的源 IP 地址（私有地址）修改为网关服务器的外网接口 IP 地址（公有地址）。

SNAT 策略只能用在 nat 表的 POSTROUTING 链，使用 iptables 命令编写 SNAT 策略时，需要结合“--to-source IP 地址”选项来指定修改后的源 IP 地址（如 -j SNAT --to-source 218.29.30.31）。下面通过两个实例来说明 SNAT 策略的具体用法。

1. 共享固定 IP 地址上网

案例环境如图 12.1 所示，需求描述如下。

- Linux 网关服务器通过两块网卡 eth0、eth1 分别连接 Internet 和局域网，其中 eth0 的 IP 地址为 218.29.30.31，eth1 的 IP 地址为 192.168.1.1。
- 所有局域网 PC 的默认网关设为 192.168.1.1，且已经设置了正确的 DNS 服务器。
- 要求 192.168.1.0/24 网段的 PC 能够通过共享方式正常访问 Internet。

根据上述环境，推荐的操作步骤如下。

（1）打开网关的路由转发

对于 Linux 服务器，IP 转发是实现路由功能的关键所在，对应为 /proc 文件系统中的 ip_forward 设置，当值为 1 时表示开启，为 0 时表示关闭。若要使用 Linux 主机作为网关设备，必然需要开启路由转发。例如，可以修改 sysctl.conf 配置文件，永久打开路由转发功能。

```
[root@localhost ~]# vi /etc/sysctl.conf
……                                         //省略部分内容
net.ipv4.ip_forward = 1                    //将此行配置中的 0 改为 1
[root@localhost ~]# sysctl -p              //读取修改后的配置
```

在测试过程中，若只希望临时开启路由转发，也可以执行以下操作。

```
[root@localhost ~]# echo 1 > /proc/sys/net/ipv4/ip_forward
```

或者

```
[root@localhost ~]# sysctl -w net.ipv4.ip_forward=1
net.ipv4.ip_forward = 1
```


（2）正确设置 SNAT 策略

通过分析得知，需要针对局域网 PC 访问 Internet 的数据包采取 SNAT 策略，将源地址更改为网关的公网 IP 地址，参考以下操作在网关中设置防火墙规则。若要保持 SNAT 策略长期有效，应将相关命令写入到 rc.local 配置文件，以便开机后自动设置。

```
[root@localhost ~]# iptables -t nat -A POSTROUTING -s 192.168.1.0/24 -o eth0 -j SNAT--to-
    source 218.29.30.31
```

（3）测试 SNAT 共享接入结果

上述操作完成以后，使用局域网中的 PC 就可以正常访问 Internet 中的网站了。对于被访问的网站服务器来说，将会认为是网关主机 218.29.30.31 在访问（可观察 Web 日志获知），而并不知道实际上是企业内网的 PC 192.168.1.234 在访问。

2. 共享动态 IP 地址上网

在某些情况下，网关的外网 IP 地址可能并不是固定的，如使用 ADSL 宽带接入时。那么在这种网络环境下，应该如何设置 SNAT 策略呢？针对这种需求，iptables 命令提供了一个名为 MASQUERADE（伪装）的数据包控制类型，MASQUERADE 相当于 SNAT 的一个特例，同样用来修改（伪装）数据包源 IP 地址，只不过它能够自动获取外网接口的 IP 地址，而无须使用“--to-source”指定固定的 IP 地址。

参照上一个 SNAT 案例，若要使用 MASQUERADE 伪装策略，只需去掉 SNAT 策略中的“--to-source IP 地址”，然后改用“-j MASQUERADE”指定数据包控制类型。对于 ADSL 宽带连接，连接名称通常为 ppp0、ppp1 等。

```
[root@localhost ~]# iptables -t nat -A POSTROUTING -s 192.168.1.0/24 -o ppp0 -j MASQUERADE
```

当然，如果网关使用固定的公网 IP 地址，最好选择 SNAT 策略而不是 MASQUERADE 策略，以减少不必要的系统开销。

12.2 DNAT 策略及应用

DNAT（Destination Network Address Translation，目标地址转换）是 Linux 防火墙的另一种地址转换操作，同样也是 iptables 命令中的一种数据包控制类型，其作用是根据指定条件修改数据包的目标 IP 地址和目标端口。

12.2.1 DNAT 策略概述

DNAT 策略与 SNAT 非常相似，只不过应用方向相反。SNAT 用来修改源 IP 地址，而 DNAT 用来修改目标 IP 地址和目标端口；SNAT 只能用在 nat 表的 POSTROUTING 链中，而 DNAT 只能用在 nat 表的 PREROUTING 链和 OUTPUT 链（或被其调用的链）中。

下面仍以上一节的小型企业网络为例，考虑到应用的安全和稳定性，公司将对外的网站服务器架设在一个内部网络中，如图 12.4 所示，公司对外只有一个公网 IP 地址，又需要使 Internet 中的客户机能够访问公司的网站。

在 Internet 环境中，企业所注册的网站域名（如 www.kgc.cn）必须对应合法的公网 IP 地址（如 218.29.30.31）。在这种情况下，Internet 中的客户机将无法访问公司内网的服务器，除非在网关服务器中正确设置 DNAT 策略。

使用 DNAT 策略的效果如下：当 Internet 中的客户机提交的 HTTP 请求到达企业的网关服务器时，网关首先判断数据包的目标地址和目标端口，若发现该数据包需要访问本机的 80 端口，则将其目标 IP 地址（如 218.29.30.31）修改为内网中真正的网站服务器的 IP 地址（如 192.168.1.6），然后才发送给内部的网站服务器，如图 12.5 所示。

在上述 DNAT 转换地址的过程，网关服务器会根据之前建立的 DNAT 映射，修改返回的 HTTP 应答数据包的源 IP 地址，最后再返回给 Internet 中的客户机。Internet 中的客户机并不知道企业网站服务器的真实局域网地址，中间的转换完全由网关主机完成。通过设置恰当的 DNAT 策略，企业内部的服务器就可以面向 Internet 提供服务了。

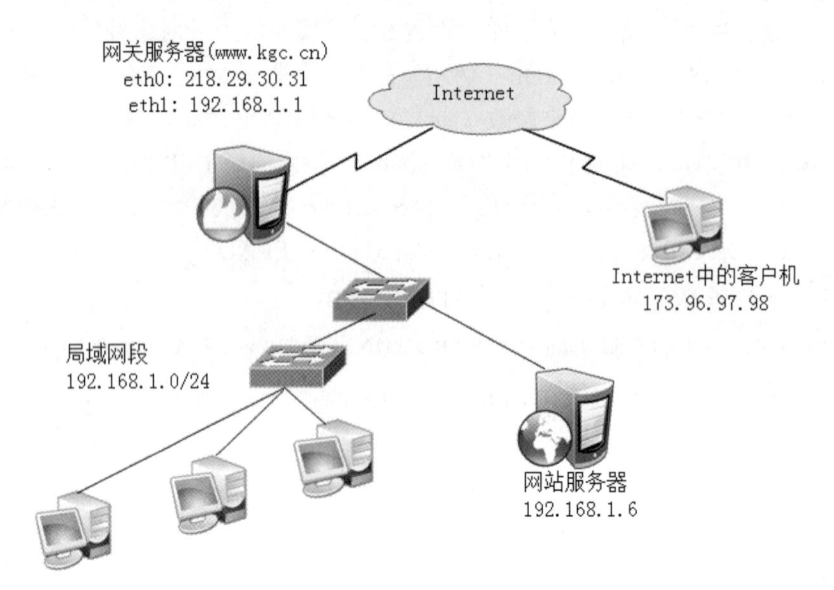

图 12.4　通过 DNAT 策略发布内网服务器

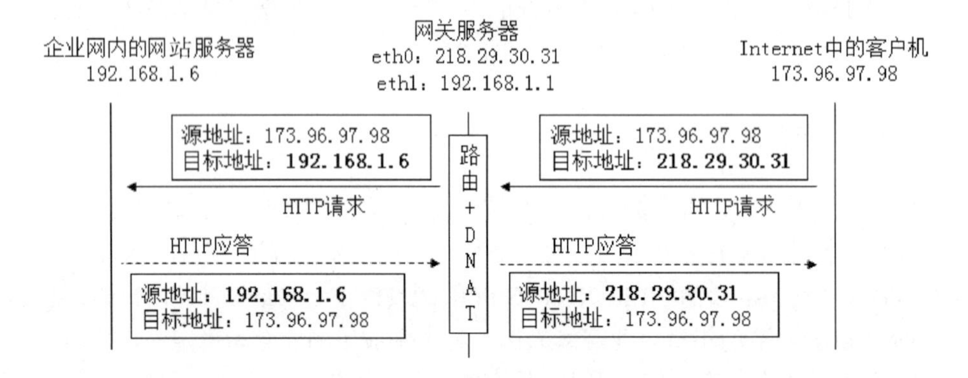

图 12.5　设置 DNAT 策略时的访问情况

12.2.2　DNAT 策略的应用

从上一小节的介绍中，我们大致可以了解 DNAT 的典型应用是在 Internet 中发布企业内部的服务器，处理数据包的切入时机是在路由选择之前（PREROUTING）进行。

关键操作是将访问网关外网接口 IP 地址（公有地址）的数据包的目标地址修改为实际提供服务的内部服务器的 IP 地址（私有地址）。

使用 iptables 命令设置 DNAT 策略时，需要结合“--to-destination IP 地址”选项来指定内部服务器的 IP 地址（如 -j DNAT --to-destination 218.29.30.31）。下面将通过两个实例来说明 DNAT 策略的用法。

1. 发布企业内部的 Web 服务器

案例环境如图 12.4 所示，需求描述如下。

- 公司注册的网站域名为 www.kgc.cn，IP 地址为 218.29.30.31（网关 eth0）。
- 公司的网站服务器位于局域网内，IP 地址为 192.168.1.6。
- 要求能够从 Internet 中通过访问 www.kgc.cn 来查看公司的网站内容。
- 根据上述环境，推荐的操作步骤如下。

（1）打开网关的路由转发

```
[root@localhost ~]# vi /etc/sysctl.conf
……              // 省略部分内容
net.ipv4.ip_forward = 1
[root@localhost ~]# sysctl -p
```

（2）正确设置 DNAT 策略

通过分析得知，需要针对 Internet 中的任意主机访问网关 80 端口的数据包，将目标地址修改为位于内网的网站服务器的 IP 地址，网关的防火墙参考规则如下所示。

```
[root@localhost ~]# iptables -t nat -A PREROUTING -i eth0 -d 218.29.30.31 -p tcp --dport 80 -j
  DNAT --to-destination 192.168.1.6
```

（3）测试 DNAT 发布结果

在网站服务器 192.168.1.6 中正确配置、启动 Web 服务，并提供测试网页，如在首页文件 index.html 中加入“Here is 192.168.1.6”的识别标记。然后通过 Internet 中的客户机访问网站 http://www.kgc.cn（如果没有做 DNS 解析，也可以直接访问 http://218.29.30.31/），在浏览器中看到的将会是实际由网站服务器 192.168.1.6 提供的页面内容，如图 12.6 所示。

图 12.6 测试 DNAT 发布结果

2. 发布企业内部的 OpenSSH 服务器

大多数情况下，DNAT 策略只是用来修改数据包的目标 IP 地址，但在需要时也可以修改目标端口号。例如，在图 12.4 所示的案例结构中，为了方便服务器的远程管理，网关、网站服务器都配置了 OpenSSH 服务，分别授权给不同的用户从 Internet 远程登录。

在这种情况下，需要通过同一个公网 IP 地址 218.29.30.31 发布位于多台主机中的同一种服务，为了避免发生冲突，就必须从端口上进行区分。案例环境如图 12.4 所示，需求描述如下。

- 网关的公网 IP 地址为 218.29.30.31，在 2345 端口启用 OpenSSH 服务。
- 网站服务器位于局域网内，IP 地址为 192.168.1.6，在 22 端口启用 OpenSSH 服务。
- 要求能够从 Internet 中远程管理网关服务器和网站服务器，访问 218.29.30.31 的 2345 端口时对应网关服务器，而访问 218.29.30.31 的 2346 端口时对应网站服务器。

上述需求中，通过公网 IP 地址 218.29.30.31 的 2345、2346 端口分别提供服务，均未使用默认的 22 端口，安全性要更好一些。推荐的操作步骤如下。

（1）配置 OpenSSH 服务

在网关、网站服务器中均开启 OpenSSH 服务，分别使用 2345、22 端口。其中网关的 sshd 服务因直接面向 Internet，因此不使用默认端口。

（2）打开网关的路由转发

```
[root@localhost ~]# vi /etc/sysctl.conf
net.ipv4.ip_forward = 1
[root@localhost ~]# sysctl -p
```

（3）正确设置 DNAT 策略

通过分析得知，网关本机的 sshd 服务直接面向 Internet，因此不需要地址转换，但网站服务器位于内网，必须通过 DNAT 策略进行发布。在网关中设置防火墙规则，修改访问外网 IP 地址 2346 端口的数据包，将目标地址改为 192.168.1.6，将目标端口改为 22，以便转发给网站服务器。

```
[root@localhost ~]# iptables -t nat -A PREROUTING -i eth0 -d 218.29.30.31 -p tcp --dport 2346
    -j DNAT --to-destination 192.168.1.6:22
```

（4）测试 DNAT 发布结果

前述步骤完成以后，可以在 Internet 中进行 SSH 登录测试。例如，可以使用 Linux 客户机，通过 ssh 命令分别访问 218.29.30.31 的 2345、2346 端口，观察登录情况。

```
[root@station ~]# ssh -p 2345 kgc@218.29.30.31                  // 登录网关服务器
kgc@218.29.30.31's password:
[kgc@localhost ~]$ /sbin/ifconfig eth0 | grep "inet addr"        // 确认连接结果
    inet addr:218.29.30.31  Bcast:218.29.30.63  Mask:255.255.255.192

[root@station ~]# ssh -p 2346 kylind@218.29.30.31               // 登录网站服务器
kylind@218.29.30.31's password:
```

```
[kylind@localhost ~]$ /sbin/ifconfig eth0 | grep "inet addr"        // 确认连接结果
    inet addr:192.168.1.6  Bcast:192.168.1.255  Mask:255.255.255.0
```

其中，kgc 是网关服务器中的用户账号，kylind 是网站服务器中的用户账号。

12.3 规则的导出、导入

在 Linux 系统中，iptables 为我们提供了批量备份与恢复规则的命令，也提供了标准的系统服务以便开启、关闭防火墙功能。

12.3.1 规则的备份及还原

防火墙规则的批量备份、还原用到两个命令，即 iptables-save 和 iptables-restore，分别用来保存（Save）和恢复（Restore）。

1．iptables-save 命令

iptables-save 命令用来批量导出 Linux 防火墙规则。直接执行 iptables-save 命令时，将显示出当前启用的所有规则。

```
[root@localhost ~]# iptables-save
# Generated by iptables-save v1.4.7 on Wed Sep 24 08:25:33 2014
*filter
:INPUT ACCEPT [0:0]
:FORWARD ACCEPT [0:0]
:OUTPUT ACCEPT [54:7037]
-A INPUT -m state --state RELATED,ESTABLISHED -j ACCEPT
-A INPUT -p icmp -j ACCEPT
-A INPUT -i lo -j ACCEPT
-A INPUT -p tcp -m state --state NEW -m tcp --dport 22 -j ACCEPT
-A INPUT -j REJECT --reject-with icmp-host-prohibited
-A FORWARD -j REJECT --reject-with icmp-host-prohibited
COMMIT
# Completed on Wed Sep 24 08:25:33 2014
```

在 iptables-save 命令的输出信息中，以“#”号开头的内容表示注释，“* 表名”表示所在的表，“: 链名 默认策略”表示相应的链及默认策略，具体的规则部分省略了命令名“iptables”，后面的“COMMIT”表示提交前面的规则设置。

由于 iptables-save 命令只是把规则内容输出到屏幕上，因此当需要保存为固定的文件时，还应该结合重定向输出的操作以完成备份。例如，若要将当前已设置的所有防火墙规则备份为 /opt/iprules_all.txt 文件，可以执行以下操作。

```
[root@localhost ~]# iptables-save > /opt/iprules_all.txt        // 备份所有表的规则
```

2. iptables-restore 命令

iptables-retore 命令用来批量导入 Linux 防火墙规则，如果已经使用 iptables-save 命令导出备份文件，则恢复规则的过程在一瞬间就能完成。与 iptables-save 命令相对的 iptables-restore 命令应结合重定向输入来指定备份文件的位置。

```
[root@localhost ~]# iptables-restore < /opt/iprules_all.txt      // 从备份文件恢复规则
```

12.3.2 使用 iptables 服务

通过名为 iptables 的系统服务，可以快速启用、清空防火墙规则。iptables 服务使用的规则文件位于 /etc/sysconfig/iptables 文件中，配置格式与 iptables-save 命令输出的一致。

1. 自动启用防火墙规则

在服务器中调试好各种 iptables 规则以后，使用 iptables-save 备份为默认的规则配置文件 /etc/sysconfig/iptables，然后就可以通过 iptables 服务来调用。例如，执行以下操作将保存当前的防火墙规则，并设置在每次开机后根据已保存的规则内容自动进行重建。

```
[root@localhost ~]# iptables-save > /etc/sysconfig/iptables
[root@localhost ~]# chkconfig --level 2345 iptables on
[root@localhost ~]# chkconfig --list iptables
iptables       0: 关闭  1: 关闭  2: 启用  3: 启用  4: 启用  5: 启用  6: 关闭
```

当需要启用 /etc/sysconfig/iptables 文件中的规则设置时，只需要启动 iptables 服务即可。

```
[root@localhost ~]# service iptables start              // 启动防火墙服务
iptables：应用防火墙规则：        [ 确定 ]
```

2. 清空所有防火墙规则

在调试各种防火墙规则的过程中，为了排除其他规则的干扰，有时候需要清空某些表的规则。当需要一次清空所有表的规则时，停用 iptables 服务是最快捷的方法，也是最彻底的方法。

```
[root@localhost ~]# service iptables stop               // 停止防火墙服务
iptables：将链设置为政策 ACCEPT：filter                   [ 确定 ]
iptables：清除防火墙规则：                                [ 确定 ]
iptables：正在卸载模块：                                  [ 确定 ]
[root@localhost ~]# service iptables status             // 确认防火墙服务的状态
iptables：未运行防火墙。
```

12.4 使用防火墙脚本

本节将介绍防火墙脚本的应用，防火墙脚本实际上是一个 Shell 脚本程序。

12.4.1 防火墙脚本的构成

防火墙脚本的优势是便于使用 Shell 变量、程序控制逻辑，另外其作为独立的文件在需要重用、移植使用时会非常方便，这也是作为 Shell 脚本的强大之处。

常见的 Linux 防火墙脚本中，通常包括变量定义、模块加载、/proc 调整、规则设置等多个部分（过于简化的脚本可能仅包括规则设置部分），下面分别进行介绍。

1. 定义基本变量

将防火墙的网卡、IP 地址、局域网段、iptables 命令的路径等定义为变量，便于对脚本程序进行维护和移植使用，特别是当规则较多的时候。一旦网络环境发生变化（如公网 IP 地址变更），只需对变量值稍做修改就可以投入使用了。

```
[root@localhost ~]# vi /opt/myipfw.sh                   // 创建脚本文件
#!/bin/bash
INET_IF= "eth0"                                          // 外网接口
INET_IP="218.29.30.31"                                   // 外网接口地址
LAN_IF="eth1"                                            // 内网接口
LAN_IP= "192.168.1.1"                                    // 内网接口地址
LAN_NET="192.168.1.0/24"                                 // 内网网段
LAN_WWW_IP="192.168.1.6"                                 // 网站服务器的内部地址
IPT="/sbin/iptables"                                     //iptables 命令的路径
MOD="/sbin/modprobe"                                     //modprobe 命令的路径
CTL="/sbin/sysctl"                                       //sysctl 命令的路径
```

设置好相关的变量以后，在后续的脚本内容中就可以直接引用了。为了提高脚本代码的可读性，除了添加必要的注释之外，变量名称最好使用有一定含义的字符串。

2. 加载内核模块

iptables 命令的大部分模块都可以根据需要动态载入内核，只有个别模块需要手动进行加载（如与 FTP 发布相关的 ip_nat_ftp、ip_conntrack_ftp）。但如果需要启用的规则数量较多，为了提高规则设置的效率，保持防火墙的稳定性，建议将用到的各种模块提前加载到内核中。

```
$MOD ip_tables                          //iptables 基本模块
$MOD ip_conntrack                       // 连接跟踪模块
$MOD ipt_REJECT                         // 拒绝操作模块
$MOD ipt_LOG                            // 日志记录模块
$MOD ipt_iprange                        // 支持 IP 范围匹配
```

```
$MOD xt_tcpudp                    // 支持 TCP、UDP 协议
$MOD xt_state                     // 支持状态匹配
$MOD xt_multiport                 // 支持多端口匹配
$MOD xt_mac                       // 支持 MAC 地址匹配
$MOD ip_nat_ftp                   // 支持 FTP 地址转换
$MOD ip_conntrack_ftp             // 支持 FTP 连接跟踪
```

3. 调整 /proc 参数

/proc 是 Linux 或 UNIX 系统中的一种伪文件系统机制，提供了访问内核运行结构、改变内核设置的实时数据。与 EXT3、FAT32 等本地文件系统不同，/proc 中的数据存放在内存而不是硬盘上。

在文件夹 /proc/sys 下存放着与系统相关的一些可控参数，可以直接用来改变内核的行为，通常作为 Linux 内核调优的实时入口。其中包括是否打开 IP 转发、是否响应 ICMP 广播、设置好 TCP 响应超时等，使用 echo、sysctl 命令都可以修改相关参数，当然也可以写到 /etc/sysctl.conf 文件（执行 sysctl -p 后生效）。

下面仅列出常用的几个 /proc 参数调整，更多细节、调优操作此处不做过多介绍，有兴趣的同学请参阅其他资料。

```
$CTL -w net.ipv4.ip_forward=1                    // 打开路由转发功能
$CTL -w net.ipv4.ip_default_ttl=128              // 修改 ICMP 响应超时
$CTL -w net.ipv4.icmp_echo_ignore_all=1          // 拒绝响应 ICMP 请求
$CTL -w net.ipv4.icmp_echo_ignore_broadcasts     // 拒绝响应 ICMP 广播
$CTL -w net.ipv4.tcp_syncookies=1                // 启用 SYN Cookie 机制
$CTL -w net.ipv4.tcp_syn_retries=3               // 最大 SYN 请求重试次数
$CTL -w net.ipv4.tcp_synack_retries=3            // 最大 ACK 确认重试次数
$CTL -w net.ipv4.tcp_fin_timeout=60              //TCP 连接等待超时
$CTL -w net.ipv4.tcp_max_syn_backlog=3200        //SYN 请求的队列长度
```

上述脚本内容中，ICMP 相关的参数调整可使本机忽略其他主机的 ping 测试，TCP 相关的内核参数调整可适当提高本机抵抗 DoS 攻击的能力。

4. 设置具体的 iptables 规则

在脚本文件中，建议按照不同的表、链来分块组织各种防火墙规则，具体内容应根据用户的实际需求决定。

（1）清理已有的规则

为了避免已有的防火墙规则造成干扰，通常会预先安排一个“清理”操作，删除所有表中用户自定义的链，清空所有链内的规则。

```
$IPT -t filter -X              // 删除各表中自定义的链
$IPT -t nat -X
$IPT -t mangle -X
$IPT -t raw -X
$IPT -t filter -F              // 清空各表中已有的规则
$IPT -t nat -F
```

```
$IPT -t mangle -F
$IPT -t raw -F
```

（2）设置规则链的默认策略

在实际生产环境中，防火墙过滤规则建议采取“默认拒绝”的策略，可以获得更好的安全性。这就要求我们充分熟悉相关应用服务和网络协议，才能够识别合法数据包，制定出既防护严格又行之有效的防火墙方案。

```
$IPT -P INPUT DROP
$IPT -P FORWARD DROP
$IPT -P OUTPUT ACCEPT
```

学习过程中建议采用“默认允许”的策略，将默认策略中的 DROP 改为 ACCEPT，以免在使用不完整的防火墙脚本时引起网络故障。

（3）设置 nat 表中的各种规则

iptables 的 nat 表主要用在 Linux 网关服务器中，一般的主机型防火墙方案很少会用到 nat 表。根据实际情况编写相应的 SNAT、DNAT 规则（如局域网共享上网、发布内部 Web 服务器），如果没有则跳过此部分。

```
$IPT -t nat -A POSTROUTING -s $LAN_NET -o $INET_IF -j SNAT --to-source $INET_IP
$IPT -t nat -A PREROUTING -i $INET_IF -d $INET_IP -p tcp --dport 80 -j DNAT --to-destination
    $LAN_WWW_IP
```

（4）设置 filter 表的各种规则

iptables 的 filter 表主要用来过滤数据包，无论是 Linux 网关还是一般的 Linux 服务器都可能用到。主机型的防火墙主要使用 INPUT、OUTPUT 链，而对于网络型的防火墙主要使用 FORWARD 链。

以 Linux 网关为例，在“默认拒绝”的前提下，若要实现共享上网，除了正常的 SNAT 策略以外，还需要放行内网 PC 与 Internet 中 DNS、Web、FTP 等服务的通信。

```
$IPT -A FORWARD -s $LAN_NET -o $INET_IF -p udp --dport 53 -j ACCEPT
$IPT -A FORWARD -s $LAN_NET -o $INET_IF -p tcp --dport 80 -j ACCEPT
$IPT -A FORWARD -s $LAN_NET -o $INET_IF -p tcp --dport 20:21 -j ACCEPT
$IPT -A FORWARD -d $LAN_NET -i $INET_IF -m state --state ESTABLISHED, RELATED
    -j ACCEPT
……              //省略部分内容
```

需要说明的是，在实际应用过程中，不要过于生硬地照搬他人的脚本内容，应根据实际情况进行有针对性的设计，并做好整体测试，避免因规则不当而导致网络通信故障。

脚本文件编写完成以后，为其添加“x”可执行权限，就可以用来批量设置规则了。若要使脚本文件在每次开机后自动运行，可以将脚本路径写入 /etc/rc.local 文件中。

```
[root@localhost ~]# chmod +x /opt/myipfw.sh          //添加执行权限
[root@localhost ~]# /opt/myipfw.sh                   //执行脚本文件
```

```
[root@localhost ~]# iptables -nL FORWARD              // 查看部分防火墙规则
Chain FORWARD (policy ACCEPT)
target     prot opt              source            destination
ACCEPT     udp  --  192.168.1.0/24   0.0.0.0/0         udp dpt:53
ACCEPT     tcp  --  192.168.1.0/24   0.0.0.0/0         tcp dpt:80
ACCEPT     tcp  --  192.168.1.0/24   0.0.0.0/0         tcp dpts:20:21
ACCEPT     all  --  0.0.0.0/0        192.168.1.0/24    state RELATED,ESTABLISHED
[root@localhost ~]# vi /etc/rc.local                   // 设置为开机自动执行
……                                                     // 省略部分内容
/opt/myipfw.sh
```

12.4.2 防火墙脚本示例

熟悉了防火墙脚本的基本构成之后，下面将展示一个简单的防火墙脚本文件——“主机型”防火墙脚本，主要针对具体的规则设置部分，内容仅供参考。

对于大多数的应用服务器，防火墙只需针对本机进行防护，因此 filter 表中的 INPUT、OUTPUT 链用得最多，特别是前者。例如，可将 OUTPUT 链的默认策略设为允许，不添加其他规则；将 INPUT 链的默认策略设为拒绝，只放行对个别服务（如 Web）的访问，以及响应本机访问请求的数据包。

```
[root@localhost ~]# vi /opt/myipfw.hostonly
#!/bin/bash
# 1. 定义基本变量
IPT="/sbin/iptables"
CTL="/sbin/sysctl"
# 2. 调整 /proc 参数
$CTL -w net.ipv4.tcp_syncookies=1
$CTL -w net.ipv4.tcp_syn_retries=3
$CTL -w net.ipv4.tcp_synack_retries=3
$CTL -w net.ipv4.tcp_fin_timeout=60
$CTL -w net.ipv4.tcp_max_syn_backlog=3200
# 3. 设置具体的防火墙规则
# 3.1 删除自定义链、清空已有规则
$IPT -t filter -X
$IPT -t nat -X
$IPT -t mangle -X
$IPT -t raw -X
$IPT -t filter -F
$IPT -t nat -F
$IPT -t mangle -F
$IPT -t raw -F
# 3.2 定义默认策略
$IPT -P INPUT DROP
$IPT -P FORWARD DROP
$IPT -P OUTPUT ACCEPT
# 3.3 设置 filter 表中的各种规则
$IPT -A INPUT -p tcp --dport 80 -j ACCEPT
```

```
$IPT -A INPUT -m state --state ESTABLISHED,RELATED -j ACCEPT
[root@localhost ~]# chmod +x /opt/myipfw.hostonly
```

以上防火墙脚本示例中，仅列出其中最基础的一些规则。更多具体的规则设置取决于实际的应用需求，还有待大家在实际工作中慢慢去体会，逐渐融会贯通。

12.5 firewalld 防火墙

firewalld 防火墙是 CentOS 7 版本系统默认的防火墙管理工具，取代了之前的 iptables 防火墙，与 iptables 防火墙一样也属于典型的包过滤防火墙或称之为网络层防火墙，firewalld 和 iptables 都是用来管理防火墙的工具（属于用户态）来定义防火墙的各种规则功能，内部结构都指向 netfilter 这一强大的网络过滤子系统（属于内核态）以实现包过滤防火墙功能。firewalld 防火墙最大的优点在于支持动态更新以及加入了防火墙的“zone”概念，firewalld 防火墙同时支持 IPv4 地址和 IPv6 地址。可以通过字符管理工具 firewall-cmd 和图形化管理工具 firewall-config 进行管理。

本节将分别从字符管理工具和图形化管理工具两个方面管理 firewalld 防火墙。

12.5.1 区域的概念

firewalld 防火墙为了简化管理，将所有网络流量分为多个区域（zone）。然后根据数据包的源 IP 地址或传入的网络接口条件等将流量传入相应区域。每个区域都定义了自己打开或者关闭的端口和服务列表。

firewalld 防火墙预定义了一些区域如表 12-1 所示，其中默认区域为 public 区域，trusted 区域默认允许所有流量通过，是一个特殊的区域。

表 12-1 firewalld 防火墙预定义区域

区域名称	默认配置说明
Trusted	允许所有的传入流量
Home	允许与 ssh、mdns、ipp-client、samba-client 或 dhcpv6-client 预定义服务匹配的传入流量，其余均拒绝
Internal	默认值时与 home 区域相同
Work	允许与 ssh、ipp-client 或 dhcpv6-client 预定义服务匹配的传入流量，其余均拒绝
Public	允许与 ssh 或 dhcpv6-client 预定义服务匹配的传入流量，其余均拒绝。是新添加网络接口的默认区域
External	允许与 ssh 预定义服务匹配的传入流量，其余均拒绝。默认将经过此区域转发的 IPv4 地址传出流量进行地址伪装
Dmz	允许与 ssh 预定义服务匹配的传入流量，其余均拒绝
Block	拒绝所有传入流量
Drop	丢弃所有传入流量

用户可根据具体环境选择使用区域。管理员也可以对这些区域进行自定义，使其具有不同的设置规则。

在流量经过防火墙时，firewalld 防火墙会对传入的每个数据包进行检查，如果此数据包的源地址关联到特定的区域，则会应用该区域的规则对此数据包进行处理，如果该源地址没有关联到任何区域，则将使用传入网络接口所在的区域规则进行处理。如果流量与不允许的端口、协议或者服务匹配，则防火墙拒绝传入流量。

12.5.2 字符管理工具

firewall-cmd 是 firewalld 防火墙自带的字符管理工具，可以用来设置 firewalld 防火墙的各种规则，需要注意的是 firewalld 防火墙规则分为两种状态，一种是 runtime，指正在运行生效的状态，在 runtime 状态添加新的防火墙规则，这些规则会立即生效，但是重新加载防火墙配置或者重启系统后这些规则将会失效；另一种是 permanent，指永久生效的状态，在 permanent 状态添加新的防火墙规则，这些规则不会马上生效，需要重新加载防火墙配置或者重启系统后生效。在使用 firewall-cmd 命令管理防火墙时，需要添加为永久生效的规则需在配置规则时添加 --permanent 选项（否则所有命令都是作用于 runtime，运行时配置），如果让永久生效规则立即覆盖当前规则生效使用，还需要使用 firewall-cmd --reload 命令重新加载防火墙配置。表 12-2 对常用的 firewall-cmd 命令进行了总结说明，列出的命令可采用 --zone=<ZONE> 选项来确定添加规则的区域。

表 12-2 常用 firewall-cmd 命令

firewall-cmd 命令	说明
--get-default-zone	查看当前默认区域
--get-active-zones	列出当前正在使用的区域及其所对应的网卡接口
--get-zones	列出所有可用的区域
--set-default-zone=<ZONE >	设置默认区域（注意此命令会同时修改运行时配置和永久配置）
--add-source=<CIDR>[--zone=<ZONE>]	将来自 IP 地址或网段的所有流量路由到指定区域，没有指定区域时使用默认区域
--remove-source=<CIDR>[--zone=<ZONE>]	从指定区域中删除来自 IP 地址或网段的所有路由流量规则。没有指定区域时使用默认区域
--add-interface=<Interface>[--zone=<ZONE>]	将来自该接口的所有流量都路由到指定区域。没有指定区域时使用默认区域
--change-interface=<Interface>[--zone=<ZONE>]	将接口与指定区域做关联，没有指定区域时使用默认区域
--list-all [--zone=<ZONE>]	列出指定区域已配置接口、源、服务、端口等信息，没有指定区域时使用默认区域
--add-service=<SERVICE>[--zone=<ZONE>]	允许到该服务的流量通过指定区域，没有指定区域时使用默认区域

续表

firewall-cmd 命令	说明
--remove-service=<SERVICE>[--zone=<ZONE>]	从指定区域的允许列表中删除该服务，没有指定区域时使用默认区域
--add-port=<PORT/PROTOCOL>[--zone=<ZONE>]	允许到该端口的流量通过指定区域，没有指定区域时使用默认区域
--remove-port=<PORT/PROTOCOL>[--zone=<ZONE>]	从指定区域的允许列表中删除该端口，没有指定区域时使用默认区域

1. 区域管理

（1）查看默认区域

```
[root@localhost ~]# firewall-cmd --get-default-zone
public
```

（2）列出当前正在使用的区域及其所对应的网卡接口

```
[root@localhost ~]# firewall-cmd --get-active-zone
public
  interfaces: eno16777736
```

（3）列出所有可用的区域

```
[root@localhost ~]# firewall-cmd --get-zones
block dmz drop external home internal public trusted work
```

（4）设置默认区域

```
[root@localhost ~]# firewall-cmd --set-default-zone=home
success
[root@localhost ~]# firewall-cmd --get-default-zone
home
```

2. 服务管理

在 firewalld 防火墙中，预定义了一些服务，用于方便地允许特定网络服务的流量通过防火墙，使用 --get-service 可以查看这些预定义服务。可以在 /usr/lib/firewalld/services 目录中查看这些预定义服务的配置文件。

（1）查看预定义服务

```
[root@localhost ~]# firewall-cmd --get-service
RH-Satellite-6 amanda-client bacula bacula-client dhcp dhcpv6 dhcpv6-client dns freeipa-ldap freeipa-
    ldaps freeipa-replication ftp high-availability http https imaps ipp ipp-client ipsec iscsi-target
    kerberos kpasswd ldap ldaps libvirt libvirt-tls mdns mountd ms-wbt mysql nfs ntp openvpn pmcd
    pmproxy pmwebapi pmwebapis pop3s postgresql proxy-dhcp radius rpc-bind rsyncd samba samba-
    client smtp ssh telnet tftp tftp-client transmission-client vdsm vnc-server wbem-https
```

（2）添加 httpd 服务到 public 区域

```
[root@localhost ~]# firewall-cmd --add-service=http --zone=public --permanent
```

```
success
[root@localhost ~]# firewall-cmd --reload
success
```

（3）查看 public 区域已配置规则

```
[root@localhost ~]# firewall-cmd --list-all --zone=public
public (default, active)
  interfaces: eno16777736
  sources:
  services: dhcpv6-client http ssh
  ports:
  masquerade: no
  forward-ports:
  icmp-blocks:
  rich rules:
```

（4）移除 public 区域的 httpd 服务，不使用 --zone 指定区域时使用默认区域

```
[root@localhost ~]# firewall-cmd --remove-service=http  --permanent
success
[root@localhost ~]# firewall-cmd --reload
success
```

也可以同时添加多个服务到某一区域，如果不添加 --permanent 选项表示是即时生效的临时设置。

```
[root@localhost ~]# firewall-cmd --add-service=http --add-service=https
success
```

3. 端口管理

（1）允许 TCP 的 3306 端口到 public 区域

```
[root@localhost ~]# firewall-cmd --add-port=3306/tcp --permanent
success
[root@localhost ~]# firewall-cmd --reload
success
[root@localhost ~]# firewall-cmd --list-all
public (default, active)
  interfaces: eno16777736
  sources:
  services: dhcpv6-client ssh
  ports: 3306/tcp
  masquerade: no
  forward-ports:
  icmp-blocks:
  rich rules:
```

（2）从 public 区域将 TCP 的 3306 端口移除

```
[root@localhost ~]# firewall-cmd --remove-port=3306/tcp --permanent
success
```

```
[root@localhost ~]# firewall-cmd --reload
success
```

（3）允许某一范围的端口，如允许 UDP 的 2048 ～ 2050 端口到 public 区域

```
[root@localhost ~]# firewall-cmd --add-port=2048-2050/udp --permanent
success
[root@localhost ~]# firewall-cmd --reload
success
```

（4）使用 --list-ports 查看加入的端口操作是否成功

```
[root@localhost ~]# firewall-cmd --list-ports
2048-2050/udp
```

4. 配置例子

将默认区域设置为 dmz 区域，来自网络 192.168.46.0/24 的流量全部分配给 internal 区域，并且打开 internal 区域的 80 端口供用户访问。

```
[root@localhost ~]# firewall-cmd --set-default-zone=dmz
success
[root@localhost ~]# firewall-cmd --add-source=192.168.46.0/24 --zone=internal --permanent
success
[root@localhost ~]# firewall-cmd --add-service=http  --zone=internal --permanent
success
[root@localhost ~]# firewall-cmd --reload
success
```

如果使用 firewalld 的基本语法不够用，还可以添加使用富规则，设置针对某个服务、主机地址、端口号等等更加详细的规则策略，在所有策略设置中的优先级也是最高的。

12.5.3 图形管理工具

除了字符管理工具以外，firewalld 防火墙还提供了图形管理工具 firewall-config，可用于查看和更改 firewalld 防火墙正在运行时的配置和永久的配置，可以使用 firewall-config 软件包进行安装使用。安装好后，可以直接使用 firewall-config 命令启动图形管理工具，或者从菜单“应用程序→杂项→防火墙”启动，启动界面如图 12.7 所示。firewall-config 是一款强大的图形管理工具，可以简单地完成很多复杂的防火墙配置。

首先来介绍一下这个图形管理工具的界面，在左上角“配置”的下拉列表中可以设置运行时（runtime）和永久（permanent）两种防火墙运行状态，概念和字符管理工具介绍的相同；在左侧“区域”和“服务”选项卡中分别是 firewalld 防火墙预定义的区域列表和预定义的服务列表；“区域”选项卡中默认区域用加粗的黑色标识，选中区域的右侧菜单分别为选中区域的服务、端口、伪装、端口转发、ICMP 过滤器、富规则、接口、来源这些规则的状态。从图中可以看出，选中的 public 区域的右侧“服务”选

项卡中前面有被打勾的服务，表示允许该服务流量传入此区域。

图 12.7　图形管理工具界面

需要修改区域规则时，首先确定修改规则数据是立即生效的还是永久生效的，从而去选择左上“配置”相应的下拉列表，然后在左侧“区域”选项卡选中需要修改的区域，在右侧区域的“接口”和“源”选项卡中添加网络接口和源 IP 地址或地址范围。然后可以通过两种方法打开端口，一种是在“服务”选项卡中勾选相应的服务，另一种是在“端口”选项卡中添加新的端口。图形管理界面中修改完规则就会自动保存，没有类似保存或者完成的按钮。如果访问的服务不在预定义服务列表中，可以在永久（permanent）状态下通过左侧菜单中的“服务”选项卡添加定义这些服务或者服务的特殊端口，但只有在下次重启或者重新加载防火墙配置后这些更改才能够生效。

firewall-config 工具使得设置 firewalld 防火墙规则变得简单，在配置规则时非常实用。

例如分别使用 firewall-cmd 工具和 firewall-config 工具配置防火墙的端口转发功能，将访问本地默认区域的 80 端口临时转发到 8080 端口。

使用 firewall-cmd 工具进行配置：

语法：firewall-cmd --add-forward-port=port=< 源端口号 >:proto=< 协议 >:toport=< 目标端口号 >:toaddr=< 目标 IP 地址 > --permanent --zone=< 区域 >

```
[root@localhost ~]# firewall-cmd --add-forward-port=port=80:proto=tcp:toport=8080:toaddr=
    192.168.46.130
success
```

使用 firewall-config 工具进行配置，如图 12.8 所示。

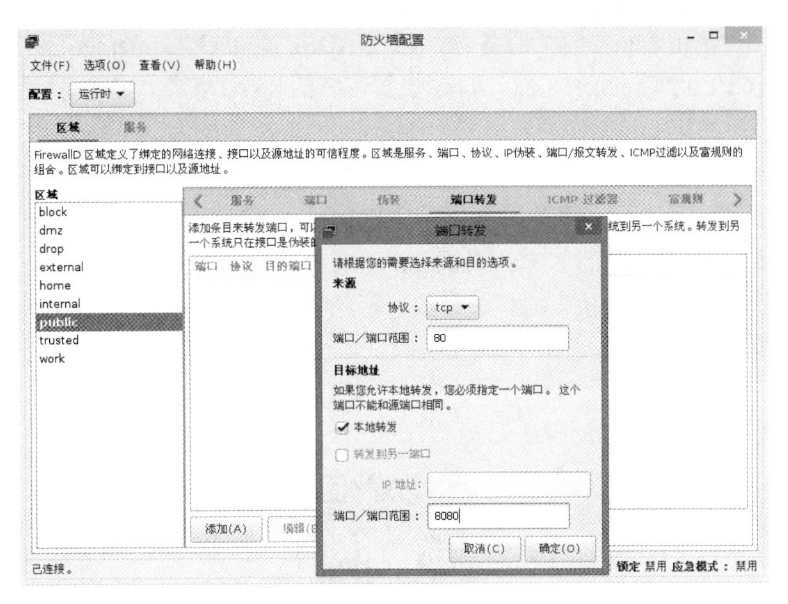

图 12.8　设置端口转发

本章总结

- SNAT 策略仅在 nat 表的 POSTROUTING 链使用，可以修改数据包的源地址，如实现局域网共享上网。
- 当网关使用非固定的公网 IP 地址时，SNAT 可以替换为地址伪装策略 MASQUERADE。
- DNAT 策略仅在 nat 表的 PREROUTING、OUTPUT 链使用，可以修改数据包的目标地址和目标端口，如在 Internet 中发布企业内部网络中的应用服务器。
- Linux 防火墙脚本通常由变量定义、模块加载、/proc 调整、具体的规则设置等部分构成。
- firewalld 防火墙是一款功能强大的包过滤防火墙，可同时支持 IPv4 和 IPv6 地址。
- firewalld 防火墙拥有运行时（runtime）和永久（permanent）配置两种状态。拥有区域的概念，支持直接添加服务或者端口。
- firewalld 防火墙既可以通过字符管理工具 firewall-cmd 管理，又可以通过图形管理工具 firewall-config 进行管理。

本章作业

1. 简述 SNAT、DNAT 策略的含义及各自的典型应用。

2．某公司使用 Linux 网关服务器，通过 ADSL 宽带接入 Internet，并连接两个局域网段 192.168.1.0/24、192.168.2.0/24。请设置可行的 SNAT 策略，实现局域网共享上网。

3．某公司使用 Linux 网关服务器，固定的公网 IP 地址为 202.15.16.17。请设置可行的 DNAT 策略，发布内网的邮件服务器 192.168.1.8。

4．某公司使用 Linux 网关服务器，固定的公网 IP 地址为 202.15.16.17。请正确配置网关策略，发布内网的 FTP 服务器 192.168.1.9。

5．通过调整 /proc 目录下的相关参数，拒绝响应其他主机的 ping 请求。

6．用课工场 APP 扫一扫，完成在线测试，快来挑战吧！